# 命案現場清潔公司2.0

聽清潔師訴說那些
被屍水、血跡、蛆蟲覆蓋的生命

得第一環境維護公司 著

# 作者序

會從事這行清潔工作，只能說是老天指引。

本來是開計程車，後來看到國外清潔廠商來台找加盟商，我就投入了畢生積蓄為自己開創事業。當時總公司引進許多新穎且高科技的清潔機具。服務的業務主要是去商辦大樓做辦公室清潔，雖然廠商最後退出國內市場，但我還是持續在這領域為老客戶服務。

後來業務範圍越來越廣，在當時，年代比較早期，會僱用我們去做居家清潔，說實話都是比較富裕的人家。因為家裡有錢就怕遭小偷，所以找居家清潔的方式，很多是靠口碑互相介紹。

某個因緣際會下，有位身家富有的委託人，幫忙朋友詢問，說他朋友家中有長輩在自宅往生，雖然打掃阿姨清潔過好幾遍，但

還是有股味道殘留，所以想問問我們這類專業的清潔公司有沒有辦法處理？應該是基於從業人員的熱血，讓我欣然地接下了這項清潔挑戰。而在接下委託後，我更進一步地去了解並引進了更多的高科技清潔知識和機具，當然，委託人所交付的「挑戰」任務，最後是有順利完成了！

而在完成這次委託後，我公司的專業清潔技術以及強大清潔機具，就這樣口耳相傳開來，漸漸地，清潔命案現場就成了我公司的業務大宗。

無論是多人混戰的槍殺凶案現場，還是爬滿蛆蟲、屍水流淌的輕生案件，多數人不敢踏入的汙穢環境，都是我們工作的日常現場。面對所有骯髒、嚇人的命案現場，然後將其清潔、恢復原狀，成了我的工作挑戰。在清潔手法方面我精益求精，在清潔機具方面我斥資不下百萬，為的就是要讓委託人在經由我專業清潔技術與科技機具，能安心地回到住處，心中不留下太多陰影。

在命案現場，雖然看到的髒汙要清潔乾淨很費勁，但無形的味道卻是最難處理的，一旦處理得不夠完善有味道殘留，就很容易讓人回想起不好的事故記憶，更別說生理層面因聞到味道而感到噁心想吐的狀況了。

因此我在承接清潔業務時，都會將命案現場的清潔列為優先處理，那是因為我知道命案現場的狀況不僅恐怖，而且飄出的味道除了委託人受不了，就連無辜的街坊鄰居也跟著深受其害。

命案現場的狼狽我是已經司空見慣，但絕大多數的委託人都是第一次遇到這樣的狀況，所以心理狀態都是不好的。那麼個性雞婆的我，除了現場清潔工作的委託之外，還經常扮演心理諮詢師的

角色給予開導，希望多多少少能幫助他們抒解心理的陰影和害怕。

從事這行多年，現在連我的孩子也跟著一起出入現場。經常在採訪中被問到哪種命案現場最難處理？以實際狀況來說，應該是火災現場。火場中整片牆、天花板都焦黑一片，清潔過程的飛灰、散發出的有毒物質都是很殘害人體健康。其次則是血漬到處亂噴的槍殺案。

不過老實說，這些現場只要有專業的機具，多數是能夠妥善處理的，而其中最難的則是面對命案現場的勇氣，這可不是一般人可以承受的，而這也是這行最艱辛的地方。不過，無論命案現場所衍生的清潔問題有多難處理，透過我們的努力最後還是能還給委託人一個乾淨清新的環境，然而心理面的障礙就只能靠委託人自己解開。對於這份工作我則是一直抱持心存善念、多結良緣的初心。在清潔過程中也經常遇到心理壓力非常大的委託人，我們通常會適時地以自己的接案經驗，來讓委託人的情緒得到舒緩。

另外，若遇到經濟狀況不佳的委託人，我也不吝協助清潔環境，就當做是回饋社會的公益服務。曾在過年期間接到這樣的案子，那時我心想要是不接，委託人就得忍著住在這樣有害健康的髒亂環境，或者在大過年期間無家可歸，所以迅速完清潔工作後就只收一元討個吉利。

身為命案現場清潔從業人員，總是期許當自己穿上裝備，執行清潔工作時，能夠為每個清潔案子開啟心理層面的重整契機，讓每個委託人在面對悲劇的無奈下，能夠在我們將環境的清潔乾淨之後，慢慢地走出傷痛，回歸原有的生活步調。

## 警語：

本書內容文字皆依作者個人之命案現場清潔經驗真實呈現，絕無刻意渲染誇飾之意圖，請依個人對於生死議題之耐受程度不同，詳加斟酌是否繼續閱讀本書！

# 目次

作者序 2

## 委託現場 1
## 進場是要清除恐懼的記憶

1.1 難以踏足的記憶 14
1.2 跌落的工地工人 28
1.3 違和的生死交界 38
1.4 移除記憶最好的方式 50

1.5 沒清乾淨的恐懼 64

## 委託現場 2

## 驚嚇現場，帶點溫馨與淚水

2.1 不負責的房東 86
2.2 收租公最驚嚇的無奈時刻 98
2.3 投資有賺有賠 112
2.4 得不償失的態度 122
2.5 無障礙的關懷 130
2.6 被五台工業電風扇包圍大體的現場 138

# 委託現場3

## 清潔後的重啟新生

3.1 誰要清？ 156
3.2 跳樓的衝擊 168
3.3 寂寞之所，待售 182
3.4 無底的垃圾井 194
3.5 遠距的驚嚇 208
3.6 祂們的氣味 216

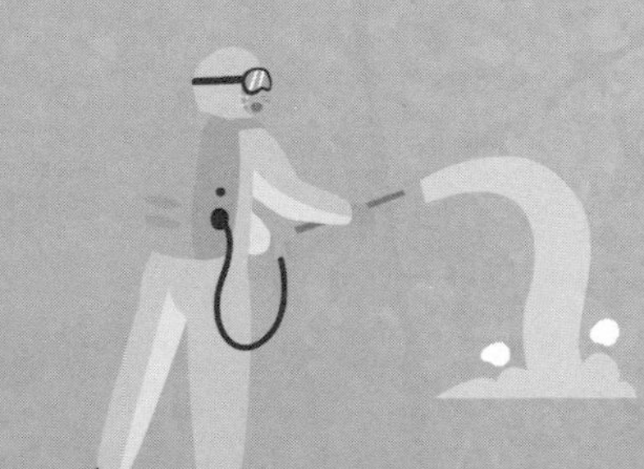

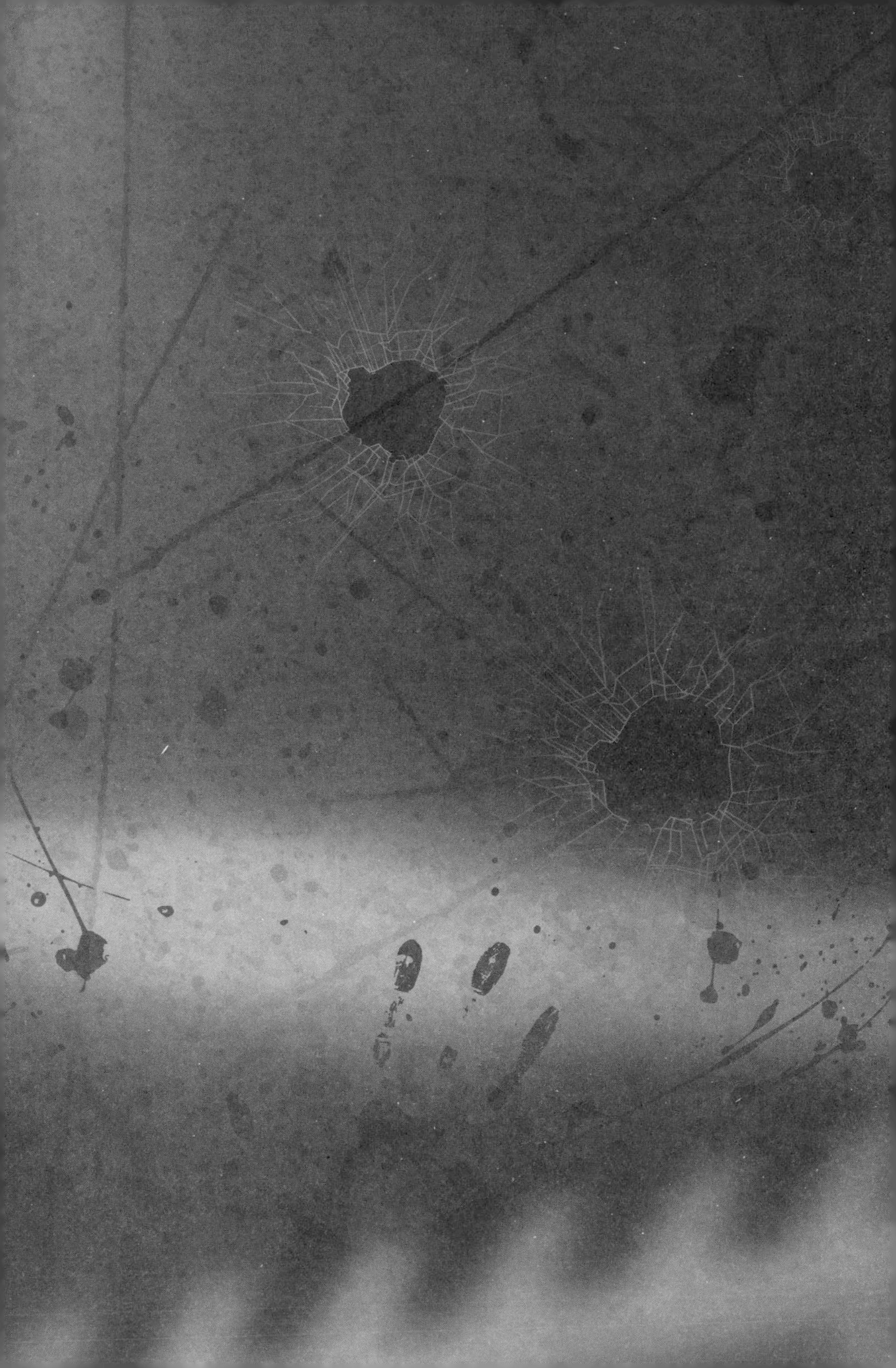

# 委託現場1

## 進場是要清除恐懼的記憶

# 1.1 難以踏足的記憶

進入現場後，眼前景象讓人不寒而慄。四處可見鮮血斑斑，碎肉濺得四處都是，地板、牆壁、天花板上……整個現場駭人至極。當時進場時，我們團隊都傻眼，那彷彿像是走進了一部血腥恐怖片的拍攝現場。成片的血漿和紅色物質飛濺得滿屋都是，無法想像這是現實發生的案件。

這案件是一名年約三十幾歲的男子在家中用刀砍死自己的命案，由於狀況過於令人不解驚駭，而在當時引起社會許多的猜測與討論，甚至成為新聞媒體的報導焦點。當時，我看到新聞播報，除了驚訝，更多是難以置信。怎麼會有人能用如此極端的自傷行為對待自己的身體，甚至連性命都沒了，這實在讓人無法理解。

隨著時間過去，事件的詭譎和難以理解程度至今仍然讓我印象深刻。但沒想到，過了不久，我竟然接到了這案件中往生者姊夫的委託，要前去清理那個曾經發生過如此驚悚事件的房子。

******

屋主一家原先居住在金門，這房子則是往生者母親在台灣的投資物業。最初是由姊姊和姊夫一家居住。後來，往生者（弟弟）也到台灣就跟姊姊一家住一起，但沒想到會發生這樣詭異的恐怖事件。

這起事件的第一發現者是往生者的姊姊，目睹案發現場的經

歷無疑是一場噩夢，使得姊姊心靈上承受了極大的創傷和打擊，因此無法再踏足那個房子。以至於在我們接手案件的這段時間裡，這名姊姊雖然是往生者最親近的家屬之一，卻從未露面。從最初聯繫委託到最後的確認工作，都是這名往生者的姊夫出面處理。

關於這案件，我們團隊進場後不是立即展開清理工作，首要的工作是應家屬要求將往生者在現場的殘體妥善地收集起來。因為家屬認為現場殘體也是身體的一部分，基於保留完整遺體的概念，所以希望我們可以協助蒐集，最後與遺體一起交給殯葬業者。

這名往生者生前自殘時，因為是很用力的在身上割劃，所以殘體不只掉落在地板，還噴散在四周的牆壁。肉眼仔細觀察，可以看到許多像史萊姆果凍一樣的凝膠物質附著在牆壁和地板上，只是實際的殘體相對乾燥一些，而我們首要的工作就是將這些殘體妥善地收集起來。

為此，我們得在家中各個角落尋找這些殘體肉塊，最後收集了約半包拉鍊袋裝的肉塊，而這些都是往生者從自己身上砍割下來的……

第二階段即為清潔工作的展開，這種案件的現場與處理陳屍多日的情形截然不同。過去，我們常見的案件大多是往生者過世多天的現場，那往往是屍水遍布，周遭環境充斥著濃烈的屍臭味。

與此相對照，此次自殘現場呈現的是全然不同的樣貌。當我

們踏入現場時，最先進入鼻腔的並非屍臭味，而是濃烈的血腥味。這種氣味就像是走進了菜市場，但這裡由於是更為密閉的空間，因此空氣中的鐵銹味更加濃烈且難以忍受。

這起案子實在是一個極具挑戰性的任務，為了確保能夠有效處理現場的情況，我們調動了五名經驗豐富的清潔人員，整整忙碌了一整天。相較於一般室內死亡事件的清理工作，通常我們只需派遣三至四名清潔人員，工作時間可能不會超過一天，一般下午兩至三點就能順利結束。然而，這次的案件卻是個例外，即便我們調派了五名清潔人員，仍然花了接近五至六小時的時間。

除了殘體蒐集，主要還歸因於現場的血跡量大且遍布四處，多數是集中在客廳通往房間的走道上。根據現場情況的判斷，我們推測這名往生者當時應該是一邊行走的同時，一邊進行自殘行為，導致血跡噴散範圍幾乎遍及全室，而這也讓我們清理過程變得相對複雜。

在進行清理的過程中，我留心到大門上滿是斑斑鮮血外，還有幾個血手印，這場景彷彿定格了姊姊當初打開大門的瞬間。門板下方清晰可見姊姊的掌印，那是她目睹事故現場受到驚嚇，跌坐在地，手上沾染著鮮血，留下的一抹印記。可想而知，往生者的姊姊當下心裡勢必受到極大的衝擊。

基於這樣的經歷，從我們接手案件到清潔完成，都可以感受

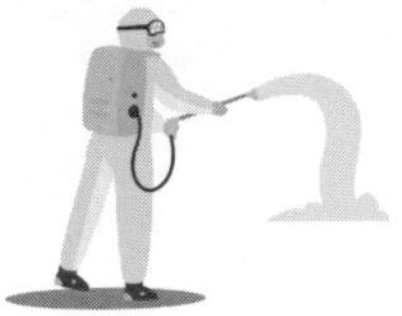

到這名與我們接洽的姊夫自始至終是十分擔心太太的心理狀況，理解她暫時無法再踏足那間房子，也因此他主動挺身而出，負責處理相關事宜。

除此之外，他還擔心這樣的事件可能會對社區的房價造成影響，給鄰里造成困擾，所以，他特別向我們提出了一個請求，希望我們能夠謹守保密，不將這些讓人感到驚悚的室內照片外流。

現在房間裡已經整潔乾淨、空氣清新。

站在滿室的血泊中，我至今不曉得這名往生者是基於什麼緣故，而有這樣的行為。若是根據我們過去長年處理案件的經驗，能夠在自殘行為中忽視痛覺並失去求生本能的情況，多半是受到藥物影響，使得自殘過程中產生了幻覺，當事人才能夠對自己的身體做出不符人性求生本能的重大傷害。

在整個清潔工作收尾的階段，我站在房門口等待姊夫前來協助開門，同時，我注意到了同一層樓還有名女子也站在一旁，神情顯得有些焦慮。她的樣子明顯是在等待著某人的到來。當姊夫終於趕到時，這女子腳步也迎上前，我才得知這名女子原來是來收拾往生者的遺物。

起初，我還以為這名女子是葬儀社的員工，到這裡是拿取往生者遺物去進行後續火化程序，然而，透過她和姊夫之間的交談，

我才了解到她實際上是這名往生者的妻子。可能是她恐懼大於哀傷的態度，才會讓我對她的身分感到意外。

後來經過有一搭沒一搭聊著，我才真正理解整個情況。這位女子雖然是往生者的太太，但還是堅持一直在樓下等候的原因，是因為在來到這裡整理遺物之前，她聽過姊姊形容當時目睹房子內的慘況，讓她感到相當的不安和恐懼。她無法獨自一人踏入這樣的環境，所以才事先和姊夫約好要一起前來。當門終於打開時，屋內當時慘狀早已被我們抹去，她原本怯怕的憂慮，因為整潔的環境而鬆了口氣，安心地邁入屋內。

********

我們長期從事案件清潔工作，因此頗能理解第一發現者的心理狀態。通常情況下，若你是第一個發現現場的人，心靈上都會受到極大的震撼和衝擊，特別是在如此陰影籠罩下，一般人是很難能夠再回到那樣的空間中。

在我們接手案件的過程中，時常發生，目睹事件的當事人通常是需要很長一段的時間來沉澱，才能逐漸平復心情，可即使如此也不代表就能接受再次踏進現場。於是，我們經常會遇到是屋主委託親友，請他們來做聯繫與案件溝通，確保整個清理過程能夠順利進行。直至最終的驗收，我們可能都見不到屋主本人。

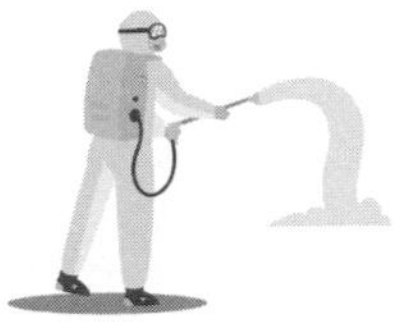

同樣會造成屋主心裡難以抹滅陰影的狀況是，當租屋處發生燒炭自殺的情況。通常，現場的樣子多數是往生者躺在床上，燃盡的炭火鐵盆置於地板上，將鐵盤移開後，下面的地磚往往都會有燻燒的黑色痕跡。

這種案例在清潔過後，即便屋主再怎樣盡心經營，他也一定會記得炭盆被放置在哪塊磁磚上。就曾有屋主說：「那塊黑色燻痕，即使清除也還存在腦海裡。」

因此，當居所發生非自然死亡的情況，大多數屋主都不會再回到那個屋子中居住。哪怕床鋪被移動，擺設經過調整，只要走到那片磁磚附近，腦海中便會浮現出燒炭鐵盆，以及租客在屋內往生的畫面，怵目驚心的場景根本無法抹滅。

這種記憶上的負擔，並不是物理上的改變所能扭轉的。家的記憶，尤其是如此痛苦的往事，總會深深地印刻在每一個角落。在我們的處理過程中，不僅僅是清潔環境，更是在努力為屋主帶來一份心靈上的慰藉。

因此在處理每一個案件時，我們都格外細心。每一個物品、每一個角落，都充滿了家庭的記憶和感情。透過我們的付出，希望為家庭帶來一絲溫暖，讓他們在經歷了悲痛和困難後，能夠逐漸走向新的生活。這是我們一直以來的使命，也是我們在這個行業中的初衷和堅持。

# 1.2 跌落的工地工人

這案件我們前往桃園的一處建案現場，沒人會料到，在下班時間，竟有名工人在熟悉工地裡畫下生命休止符。

其實這案件在十月時，建商就通過電話詢問有關工安事件的清潔事宜，當時，我按照標準程序簡要說明了情況，但必須實地勘察才能提供確切的估價。然後，對方就沒有持續聯繫，沒了下文。

直到同一年的十二月，這個建商再次聯絡我們，便直截了當地表示需要我們親自前往現場進一步詳細了解並討論案件。這次的聯絡事項更加具體，然而僅僅是透過短短幾分鐘電話，就能感受到案主語氣中對於處理這個工安事件的急迫性和嚴謹態度。

我們也趕緊把案件排入進程，不過首先去是到現場做評估。

因為根據過往經驗，我們深知，對於建商來說，工安事件的處理不僅僅是一項法定義務，還關乎他們的聲譽和企業形象。

該建案主體已經建起，整棟預計是五層樓，從外觀看起來應該是近期就能完工。走進大樓，外觀新穎，內部進度差不多是毛胚狀態。在我們抵達時，水泥樓梯形狀已做出來，但手扶圍欄等設施仍未完工。該工地預計將建至五樓是頂樓，我站在大樓裡，下意識的抬頭看著上方。

工地主任說：「事發當天，到了下班時間，大家都開始收拾工具，準備要收工。這名不幸的工人也跟著其他人一起收拾工具準備要離開，當大家都走到一樓時，這名工人也不知道想到什麼，說忘了一些東西在工作的樓層，便匆匆的跑回去了。一般來說，正常工地下班時間大概是五點，我們這種工地工作作息都很準時，就是

五點，大家幾乎都走光，是工地的常態。大家或許都有看他走上去，但並沒有過多在意，因為誰也不會想到會發生這種事……」

工地主任一邊講著，我們一同走到案件發生的地點。工人從接近頂樓的那層摔落至下一層，樓層與樓層間的相對高度並不算太高。我忍不住向工地主任詢問：「這樓層之間高度並不是很高，他怎麼會傷得這麼嚴重？」這時，工地主任顯得有些心不在焉，他嘴中也嘟囔著：「是啊，沒想到會發生這樣的事情……」

工地主任接著說：「因為事發當下大家都已經下班離開，所以沒有人知道，是到隔天大家再進到工地去上班時才發現，有人摔在樓梯間，沒有氣息。」

工地主任說著目光轉向看著階梯：「真是很奇怪，沒有人知道他到底忘記什麼，雖然下班時間是五點，但光線其實相當充足……真是很奇怪。」

我追問著：「我記得十月的時候，就有接到你們公司打來的詢問電話，到現在都要十二月底才確定要施作，那這中間是發生什麼事嗎？畢竟工地遲遲不繼續工程也算是滿大的損失吧。」

工地主任耐心地解釋：「一般來說，工地發生災害後，都需要經過相關部門的調查，以確定事故發生原因是沒有人為因素在裡面。畢竟這裡是走了一個人，也應當要給家屬一個明白的交代。接著，還要檢視後續工程是否需要進行修正，最後提出復工計畫。這份計畫必須經過政府機關的審查，只有通過了審查，我們才能重新開始工作。

現在，前面的所有程序都完成，就到現在都十二月底了，我們才重新聯繫您們。請您們協助清潔處理的工作，我也會拍攝整個清潔施作的過程照片，然後交給相關單位希望後續能夠正常復工。」

聽完，才知道這審查過程一環扣一環，耗費兩個月才輪到我們來執行。

我與同仁開始初步的現場勘查工作，要清潔的範圍不大，處理的概念很單純其實就是拉水上樓，直接沖洗乾淨也不是不行。但因為是高樓層，水一沖，那這些血水要沖去哪裡？一定是流去下面的樓層，那你人的心理上對這整棟大樓就會有疙瘩。所以執行上就要採用邊沖洗、邊抽吸的方式進行。

＊＊＊＊＊＊＊＊

這個案件開始施作前，因為大樓停工的緣故，所以樓梯邊當然還是沒有安裝圍欄的狀態，而我們同仁有鑑於這次的不幸經驗，於是每個人在施作期間腰間都要綁上安全繩，以防止類似的墜樓事故再次發生。

在我們開始實行消毒程序之前，工地主任一直陪在我們身邊，跟我們詳細說明事件的狀況與委託的細節。當清潔工作要開始前，工地主任依舊很敬業地站在一旁，主要是他的老闆囑咐他要密切監督我們的作業過程，以確保清潔後的環境符合法規，這樣後續

工程進度才可以順利進行。

然而，當我們真正進入工地開始清理時，才過了幾分鐘，工地主任就聞到強烈的血腥氣味，實在受不了了，急忙下到一樓，請求我為他拍照，以便他能將照片傳給他的老闆。

關於這點我也不意外，往生者墜落的地方上是整片的血，這原本是凝固的，就像把肉類放進冷凍庫，剛拿出來的時候狀態都還算好。然而，隨著它慢慢開始融化、解凍，味道就散發出來。那片血塊正是如此，原本凝固在那邊，味道不會太強烈。但當我們使用清洗機器和清水進行清洗，血塊漸漸溶開，整個情況就不一樣了，血液特有的鐵鏽味道就會變得很明顯。

在這邊，得同時進行清理和吸走清掃汙水。我們採取了分階段的方法，首先利用專業清潔機器對源頭進行打磨，接著進行全面的清洗，同步進行充分的吸取。這樣的作業流程確保了清理效果達到最佳狀態。

特別是對於一些表面，如牆壁和水泥，由於其具有微小的毛細孔，可能需要經過多次強力水柱的沖洗，以確保不會留下任何氣味和汙漬。

希望透過徹底地清理每一個角落，讓場所恢復到無異味的狀態。

綜合而言，這次的工地意外讓我意識到，即使在看似不算危險的情況下，事故仍然可能發生，所以做好安全措施是十分重要。

可當時就有現場工人說，也許就是命中有這一劫。

# 1.3 違和的生死交界

這家公司的通知來得突然，早上一通緊急的委託電話，催促我立刻趕到了工廠做現場評估。

這次案件的委託人跟我約了最快能進廠處理的日期，但流程上還是要先做過現場評估才能確認合作細節，剛好當天我是沒有出勤清潔案件，就跟委託人約了稍晚的時間見面，馬上到現場評估了解案件。

到了現場時案主就表明，最好能夠在當天晚上就開始進行清潔工作。我還是簡單說明，讓委託人了解作業流程。這點很重要，因為委託人提出委託通常都是很緊急，希望可以盡快恢復現場，讓工廠與內部員工得以如往常運作。這樣的心情我們很能理解，畢竟對於案主來說，事情的發生已經造成了不小的壓力，善後工作就變得至關重要。

為了呈現最好的清潔效果，達到委託人的期望，前期確認工作可能比較費工夫。首先，會請委託人說明現場發生的前因後果，以及委託人對清潔工作的期望和目的。這一步驟極為關鍵，因為前來聯繫的都是相當緊急的情況，委託人都急切地希望能夠迅速將現場恢復正常。然而，在實際進行作業時，是牽涉到許多眉角，這些細節委託人可能事先都沒有考慮到，我們就會以自己過去的處理經驗提出建議給業主去斟酌。

像是在開始工作之前，首先我會向委託人詳細說明整個作業

流程，例如：在進行清潔工作時，有時候會需要採取一些特殊的措施，以確保作業得以順利進行。例如了解現場有無特殊材質。因為清潔時針對不同材質的表面，我們會使用特定的清潔劑，以避免對材質造成損害。此外，在清潔過程中，我們也會注意保護周圍環境，以避免造成任何不必要的影響。

再則是，委託人在沒有進行招魂儀式的情況下，提出了清潔需求。雖然這種情況與我們執行清潔工作是沒有直接的關聯，但我們還是會誠摯地提醒委託人，進行招魂儀式是對往生者的一種基本尊重，也是對家屬甚或是附近住戶一種心靈上的撫慰。

尤其是近幾年有越來越多外籍人士在台工作，我們自己經手的工安事件的清潔，就有好幾起案件的往生者是外籍人士，若要執行儀式，我們還會提醒委託人要確認往生者的信仰，才不會白費宗教儀式的意義。

這我是堅持接到案件一定要到現場做評估的原因，多問一句，就能了解多深一層，讓委託人可以更加了解整個清潔過程，並做好相應的準備，無論是事前財物整理與準備工作，或是心理層面調適等等。讓委託人在最短的時間內恢復正常生活的專業清潔，我認為是需要帶入同理心才能真正做到最周全。

******

跟隨著委託人引領，我走進了工廠內部，來到了往生者墜落

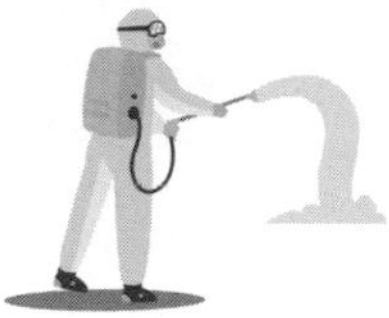

的地點。仔細觀察現場，我特別去注意工程公司在現場是否有採取了相應的工程防護措施，比如標明施工範圍等。這讓我不禁思考著，究竟發生了什麼樣的緊急狀況，需要如此著急地聯繫我們的團隊前來處理呢？

委託人說，這次換工廠屋頂的施工工程持續了好幾天，一切順利進行，直到日前突然發生了一起意外。一名年輕的工人來到屋頂的施工現場進行施作，卻不知是什麼原因，他竟越過了有明顯標示的封鎖線，踏在輕薄的ＰＣ塑膠隔板上，這樣脆弱的材料僅只是透光用的，根本無法承受工人的重量，最終導致他失足墜落，直接摔在了地面的機台上。

事後，工程廠商做過內部確認後是說，在施工前都有明確地告知工人們施作範圍是在封鎖線內，並且強調只有在該範圍內才能進行施工。然而，令人困惑的是，為何這名工人會無視這樣的警示，不顧安全地越過了封鎖線，甚至跨在了易碎的塑膠板上呢？

關於這點，後來根據工程公司解釋，才知道這名往生的年輕工人是剛報到的新人，這次屋頂鐵皮更換，是這名往生者第一次的置高作業工作，可能是不熟悉現場的標示，才會發生這樣令人遺憾的事故。

工安事件調查時間會根據線索的具體條件而有所不同。以前遇過一件工地工安清潔案件，委託我們的建商，就歷時長達兩個月的調查，確認案件無他殺疑慮，才得以聯繫我們去清理現場。

而這起事件發生的情況相對較為單純。主要是事故發生在有眾人在場的工廠內部，案發時間也是在大白天，有目擊者目睹案發過程的狀態。而且，事件發生後，工安調查的相關單位及時趕到現場進行勘查，確認了施工現場是有按照相關法規要求做了防護措施，例如拉起了封鎖線，搭建防護網等等。

******

委託人領著我走到工廠裡，到往生者墜落的位置，有一台機器，上頭蓋著一層防水帆布，因為往生者墜落位置周圍的機器還是能夠繼續運作。為了防止不知情員工闖進事發現場再發生意外，也希望盡量避免讓事故場面的曝露影響到現場工作人員的情緒。

我站在事故現場旁，工廠的上班時間已經開始，案發地被帆布覆蓋著，隔絕了內部情況直接曝露。雖然現場並未散發出令人作嘔的味道，但地上的血水吸引了許多蒼蠅盤旋飛舞。

與此同時，周圍的工廠人員依然照常地走動和工作，彷彿真不知道身旁這塊區域，不久前才走掉一條年輕的生命，這種違和感讓我感到莫名的詭異，手臂爬滿了雞皮疙瘩。

走一趟現場，我也就能理解委託人急迫地希望在與我們聯絡的當天就進場並完成清潔，畢竟讓員工在這樣環境中工作，內心肯定是焦躁不安。可人性是這樣的，看到事情有經過專業人員善後，內心就會比較安心。

工廠先讓往生者家屬前來引魂，法事結束後，我們立即展開了現場清理的工作。我清晰地記得，那天已經是晚上八點多了，我們團隊才開始繁瑣但必要的清潔工作，徹底清理現場。每一個角落都仔細檢查，並進行消毒殺菌，以確保環境的衛生和安全，才能算是真正完成。

******

關於墜樓，想就過往的經驗進一步補充一些相關知識，讓大家能更全面地了解這種情況。

當人從高處墜落時，身體會因為強力撞擊地面而發生嚴重的傷害，這其中包括了多個方面。首先，根據墜落的高度和姿勢，身體碰撞地面時會產生極大的衝擊力。這種力量有可能導致骨骼斷裂、內臟受傷並伴隨大量出血等情況。特別是當頭部先著地時，頭部會產生嚴重撕裂傷，這有很大機率將導致頭部組織致命的受損，甚或頸部血管斷裂，造成大量的血液噴灑。

此外，由於顱骨組織脆弱，可能會在墜落地面時，因為頭骨破碎使得腦組織散佈在現場，形成極為十分驚悚的場景。

所以人類自高處墜落到地面，現場一定是很血腥紊亂，並不是像電視劇中看到的，僅僅只是身體躺在地面，流出些許血液那樣單純。那通常是戲劇節目為了避免過度血腥畫面或其他考量，而沒能呈現出事故現場的真實樣貌。然而，在現實中，墜樓的情況往往

是非常嚴重，可能會導致嚴重的身體損傷，甚至身首異處的情況也可能發生。

所以面臨危險度較高的工作，務必要謹慎應對，畢竟賺錢有數，性命要顧！

# 1.4 移除記憶最好的方式

這起案件牽扯到了一對網紅夫婦，因為太太是小有名氣的網紅，所以這案件還曾上新聞。根據事後新聞媒體的報導，我們才了解到這名先生長時間沉浸於電玩遊戲中，日常生活開銷漸漸地都是依賴妻子在社群上拍片的收入。太太不僅承擔家計，丈夫心情不好還對太太有家暴行為，導致太太最後走上輕生一途。

他們夫妻關係中，先生就如同多數家暴者，對太太的家暴行為，除了言語上的侮辱，還伴隨著身體上的暴力傷害，讓太太深受折磨。因此這名太太經常向親近的閨蜜們抱怨先生，以尋求安慰和幫助，甚至聊天時，還會透露自己對未來的絕望，有輕生的念頭。一開始，親友都很擔憂，所以盡力關心陪伴這名太太，讓她心情上有所依靠。

然而，隨著時間的推移，事情反覆多次之後，親友們應對上總是會感到疲乏，對太太之於家庭的抱怨的反應也就是聽過之後，都認為或許這些問題只是一時的，夫妻倆過不了多久就會像往常一樣和好如初。

關於這點，在我們接觸的案件中，偶會遇及因為家暴而失去生命的往生者，無論是選擇輕生甚或是被另一半謀害。我們遇到這類案件時，心裡總會覺得無限感慨。因為在我們看來，有的受害者是有機會活下來。

家暴就像溫水煮青蛙，因為加害者往往是自己最親密的另一半，所以經常會在遭受暴力後，被道歉的話語或行為給安撫，然後

就是持續讓你抱有希望的惡性循環了。

這樣的循環會使受害者處於一個持續的危險環境中。不僅要應對家庭內的壓力，還要面對另一半的暴力行為，這長期下來對身心健康是相當不好的影響。

所以真要奉勸一句，若遇到另一半是有暴力行為，在確保自身安全下，蒐集家暴證據，並盡快尋求親友與專業幫助，如警察、社工師等，千萬不要抱著對方會悔改的念頭，讓傷害反覆發生，因為暴力行為多數只會是越來越嚴重加劇。

*******

回頭說到委託案件，那天也是假日，起初我接到委託人的電話，他開始沒有講得很清楚，只說自己是一家在台北橋附近的牙醫診所。跟我說他們診所後面有一塊大樓公共用地，地面有血跡，希望我們過去協助清理。

我們流程上就是先到現場做清潔評估，當下到了現場，診所的委託人領著我看事故現場：「就是這邊要麻煩你們。」

因為委託人最初說的是墜樓事故，但當他手指著地上兩個血腳印時，這畫面跟我們一般處理的那種血肉飛濺的現場有很大的差別，令我頓時非常困惑。

我問：「不好意思，您說有人從上面跳下來，然後落在這邊嗎？」說話同時我將目光聚焦在地面，想釐清狀況。

委託人這時才將整個墜樓狀況進一步詳細說明：「那名輕生的太太不是掉在這邊，而是掉進了旁邊的排風管。地面上這兩個血腳印是消防員將那個……那個……墜樓的往生者從排風管抬出時，腳底沾到往生者的血，踩踏過程中印上的……」

事故現場是兩棟大樓中間的一塊空地，使用權屬於一樓，因此牙醫診所在這邊放置自家平日使用的清潔用具，旁邊有一個地下室排風管。排風管配置方式是大家常見的：裝在一樓地面，管身有個九十度的彎度，將地下室空氣抽到上方的一樓戶外。這個排風管出風口是靠近牙醫診所對向的大樓背後，也就是這名輕生太太住的那棟樓。

而離奇的是，當時這名太太跳樓墜落下來，竟然不偏不倚地就滑進排風管中，卡在排風管裡。聽說附近住戶在太太墜樓當天有聽到重物墜地的聲音，但沒看到人。而這名太太的家人好多天聯繫不到太太，有積極地四處詢問，也找了好幾個地方，但怎樣就是都聯繫不到太太。

當時天氣已經接近夏季，氣溫節節升高，大樓附近住戶不時會聞到一股無以名狀的臭味，而且還一天比一天嚴重。最後受不了，大家循著味道才找到排風管附近。往裡頭一看，赫然發現其中竟然塞著一具嚴重腐爛的大體，大體腐爛的味道，就這樣跟著排風管的風，一起排出到外面，在炎炎夏季高溫下，可想而知那一片區域的味道那是非常、非常、非常地恐怖……

發現的眾人匆忙地報了警，警察來看到也傻眼，沒有工具的他們也束手無策，最後是找來消防人員。可大體狀況在炎熱夏天擱置這麼多天，早已腐爛得狀態都變得很不好，於是消防隊員費了很大的力氣與辦法，才將往生者從彎曲九十度的排風管帶出來。

委託人提到這事件的過程，臉色顯得很不好：「事件爆發的當下，因為大家都還不知道事情緣由，所以住在附近的民眾都在猜測，這具屍體是為何會陷入排風管中的？第一時間都覺得女子是遭人殺害，然後藏屍在排風管，雖然藏屍在這邊很不聰明。但誰會想到警察調查結果，事實竟然是這名往生者自己掉進去的！」

******

委託人的目光聚焦在地面上那兩個紅褐色的血腳印上，他向我們請求幫忙清理掉這些消防員留下的足印。我緩緩地思考著這個狀況。情況實際上相當簡單，這些血腳印並非出現在人們居住的室內環境，而是在戶外的地面上。

考量到這點，我們最終決定不承接這個清潔案件。

我向委託人解釋道，由於這是在戶外發生的事情，使用清水沖洗即可迅速解決這個問題，無需額外出錢讓我們來清潔。這樣做既簡單又經濟，也能節省清潔費用。

在提出建議後，委託人思索一下也點頭贊同，重點是他心理上能接受自行處理的方式。最後就採用我們的建議，用足夠的水將地面沖洗乾淨，看起來確實是恢復如初。

後來這案件就沒做，但之後過幾天，牙醫診所又來電詢問這排風管該怎麼處理。因為聽說往生者在排風管卡了好多天，消防員絞盡腦汁、費盡氣力給帶出來後，雖然周遭的臭味有減輕很多，但那股味道很難消散，所以才想到再來問我們這個排風管的清潔問題。

聽完情況後，我向牙醫診所提出了一些建議——換新。

我建議他們考慮直接更換一根新的排風管，而不是再次進行清潔。這麼做的好處在於，新的排風管能夠保證完全無臭，心理層面上，也不會讓人一直去想著這處是曾經發生過意外的排風管，是能大大有效減輕了心理上的負擔和壓力。

******

基於我個人多年來處理事故現場清潔的經驗，多少是理解大眾對於這類現場的看法。首先，受到傳統民間信仰的影響，部分民眾相信死後魂魄會依附在物品上，或徘徊在原地，所以更換通風管是從源頭去消除案件陰影的最有效方法。

其次，儘管屍體已經被取出，但當時大體流出的屍水可能在看不見的地方積聚，想要進行徹底清潔是有一定程度的困難，也順帶增加清潔的時間和成本。因此我建議對方權衡換新排風管與進行清潔的費用。而根據我自己的了解，這兩者費用其實差不了多少。

重點還是考慮大樓住戶的心情，即使經過我們專業清潔，採用先進的設備進行殺菌，對於那些長年在大樓居住的住戶來說，心中的陰影不會輕易消失。大樓當中一定有比較省的住戶，覺得幹嘛換掉，清一清就好。也一定不乏部分住戶會提出：「為什麼不直接換新的，還要麻煩做清潔？」

然而，我相信絕大多數人都會著重顧及心理層面的因素。畢竟是有人往生的地點，相信大家是比較不會對費用有太多計較，而是願意共同分擔，直接更換一根新的排風管，以獲得更大的心理安慰。因此，我向大樓管理人員提出了這樣的建議，讓他們能夠做出切合住戶需求的選擇。

總之這案件我們是只給建議，沒有收費也沒有承接。

其實很多客戶打電話來，不一定是來委託案件，談論過程中，我們是很願意給對方我們自己從業的專業經驗，提供適合對方的處理方式。畢竟事故現場的清潔，還涉及使用者與住戶的心理狀態，很多時候不是做好徹底清潔消毒，民眾心裡就能回到過往的平常心態。

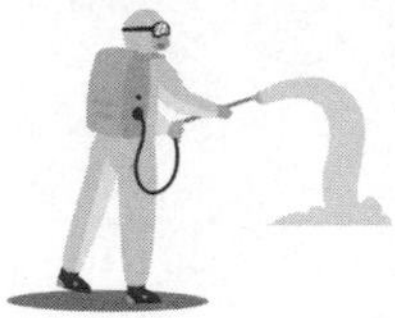

＊＊＊＊＊＊＊

這案件中在女網紅逝世後，因為先生有過言語與肢體家暴紀錄，所以一度傳出是先生謀害妻子，但經過調查，最後檢方認定是女網紅自己墜樓身亡。這案件一度鬧得沸沸揚揚，各方輿論不斷譴責這名先生不負責的暴力行為，但真相還是要回歸到檢調調查結果。

若您或您身邊有親友正在家暴困境中，一定要盡快對外尋求援助。

# 1.5 沒清乾淨的恐懼

這次案件的屋主是名老先生，他擁有一整棟樓，將其分成了八間套房，需要我們進行清潔的套房是其中之一。

當我們前往現場做評估時，是房東兒子的同學為我們開門，他本身也是這棟出租大樓的長期住戶，已經在這裡居住了七、八年。因為時常協助房東處理大樓房客的問題，例如更換公用走廊燈泡、協助房客修理屋內水電等，因此房客都稱這名男子為「主委」。

主委告訴我們，走掉的是一名六十歲的租客先生，平時有工作，但近期有兩個禮拜的時間都沒有出現。住戶們一直反映在大樓內總會聞到一股特殊的味道，並且形容那是一種他們從未聞過的臭味。但由於大樓裡租客眾多，以致於很難確定味道的具體來源。有些人甚至猜測是大樓某處的設施損壞，導致異味散發。這樣的情況持續了兩周之久。順帶一提，在這兩周的時間裡，天氣時好時壞，時而陰雨綿綿，時而高溫豔陽，這也使得異味的強度隨著天氣而有所變化。當天氣較冷時，異味較為減輕。

但總有租客反覆地來跟主委提出有異味的抱怨，不只是人，有名租客妹妹還提到自家養的寵物近期也變得躁動。問過獸醫，確認了寵物身體健康沒問題，進一步深思，覺得或許就是大樓裡的異味讓嗅覺敏銳的寵物受不了。

整棟租客都感到困擾與焦慮，主委自己也住在這裡，漸漸地

他也覺得有點不安，畢竟，住在空氣不好的環境不僅影響生活品質，還可能暗藏某種潛在的健康風險，於是主委更加積極找尋那股異味的來源。

他想起住戶當中有名妹妹，就是她說家裡寵物受不了異味，還說自己好像很多天沒看到住在隔壁的老伯。因此主委去找了妹妹。主委自己說，妹妹房間附近的臭味真是比較嚴重，再仔細找味道，走到老伯房門口，主委幾乎肯定味道來源就是老伯房間。

雖然主委心裡很擔心，但又怕自己直接開門進去這一舉動會太冒犯，因此他還很謹慎地先去調了大樓監視器。結果他看了之後大為震驚，發現老伯從兩周前就沒走出一樓大門。聽主委講到這邊，我內心不由得覺得這群住戶們警覺性真是沒有很高，但不能怪罪，主要是一般人根本沒聞過屍臭味，自然不會敏銳地意識到是有人在屋內往生的可能。

主委隨後跟房東討論，由於房東行動方便不方便，所以決定由主委跟房東拿鑰匙，去開門確認老伯房間內的狀況。

在這棟大樓裡，租客之間的關係算是相當不錯，當大家聽到主委要前往老伯房間內確認狀況時，紛紛響應到現場陪同主委。當時眾人站在老伯房門口，比較有警覺心的妹妹跟主委說：「這樣可能不太對勁，這麼久都沒出門，房間還不斷飄出臭味……」這妹妹心裡可能有猜疑，覺得老伯應該發生不測，所以要開門前，一直非常害怕，口中不斷地跟主委確認。

「你真的要開門看嗎?!」

這陣子主委實在被租客們的抱怨弄得一個頭兩個大，他自己也好奇想知道真相。然而，在開門之前，住戶們都沒有人想過要找警察來介入，主要是現場不僅僅只有主委與妹妹兩人，還有其他的住戶，大家就是想，若有發生任何事情，可以大家一起見證事件，也算是相互作證彼此的清白。

主委生動地向我描述了他當時目睹的情景。他說，鑰匙一轉，才踏進屋內，猛烈的臭味直接撲面而來，嚇得他不由自主地停下腳步。接著立即打開燈，只見老伯倒在床邊，再定睛看清老伯的模樣，直覺告訴他不對勁，便急急地將門再次關上，立刻撥打電話叫喚了救護車與警察前來。

由於大樓內部裝設了監視器，檢調便很快就確定老伯的狀況並無他殺的可能。隨後，主委聯繫了老伯家屬與葬儀社，並將老伯的後事全權交給他們處理，葬儀社也順勢承攬下房間的清理工作。然而，因為葬儀社清潔阿姨使用的清潔工具十分簡陋，雖然表面上看起來是已經清潔過，但房間內的異味依然持續飄散，惹得住戶頻頻抱怨，才又促使主委跟房東溝通，再找到我們的協助。希望透過更專業的方法來進一步清潔房間，使得這段令人恐懼的事故能夠逐漸淡化，讓大樓可以恢復往日樣貌，住戶能夠正常生活。

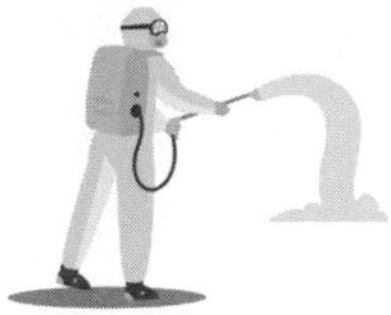

******

當時主委和我聯絡時，在電話中先說明他之前清潔狀況的前因後果，所以對於第二次再做清潔委託就向我問了更多細節，以求得更多保障。

這狀況我不是第一次遇到，因此很可以理解，於是我也耐心說明公司擁有的設備類型，最後，我甚至直接跟業主掛保證，透過公司專業的空氣分解儀器，分解完之後大樓中住戶們都覺得沒問題，房東你再付款都沒關係。

主委才放下心中的大石，不然是沒人可以在那股味道裡生活。

接到案件，我們首先依舊是跟委託人約時間，先做現場評估。主委已經跟我約了評估時間，可過幾天房東忽然又來電話，當下我第一個念頭是他可能要取消清潔。

沒想到房東慎重其事地問：「亮哥，想請問屋子裡這味道有無儀器可以偵測？」

我想了想：「空氣品質可能還有儀器能夠偵測，單單想測味道，你可能要拿物品到實驗室去偵測，想請問房東先生，你的檢測目的是什麼？」

當時我心想這房東可能是有過之前不好的清潔經驗，所以之後我清潔完，仍想要透過具體的儀器來檢測清潔成效。

結果不是！

房東這時說：「我要叫那家葬儀社把清潔費退回來！」

因為當初房東是有給葬儀社清潔費用，但因為根本沒做好，所以他想透過具體的檢測數據，去要求葬儀社退還這部分費用。

之前他在葬儀社那邊花費多少，我是不曉得，但第一次清潔無效，又委託我，房東等於出了兩次清潔費，這點可能讓房東很不開心，所以才萌生要跟葬儀社提出退款的想法。而房東後續究竟有無去向葬儀社爭取，我就沒有再追蹤狀況。

＊＊＊＊＊＊＊

這邊有個插曲，最一開始跟主委反映大樓不尋常的異味，是住戶裡的一名熱心妹妹，她不僅跟著陪同主委開門確認，也很關心我們使用的藥劑成分。所以主委在跟我確認了清潔工作的委託後，同步將我們的公司訊息與消毒藥劑資料也傳給一開始對臭味比較有警覺性的妹妹了解。

後來，這位妹妹甚至特地給我打了個電話，問了很多關於清潔劑的問題。說明了許多後，我才知道原來妹妹家裡有養寵物，擔心我們使用的除臭藥劑會對寵物造成不好的影響。為此，我還特地跟妹妹說明，清潔過程中所使用的消毒除臭藥劑是屬於生物性，對於寵物健康是無害的。而且在噴施後，我們團隊最後會特別清洗牆

壁，確保藥劑不會殘留。再使用先進的空氣分解器，讓室內的空氣保持清新。就希望透過詳細解說，消除妹妹的疑慮。

我還一度以為這妹妹是往生者的家屬，後來才知道妹妹就是比較熱心，是陪主委去開門的住戶之一。其實住戶一起去開門確認也是滿團結友好的表現，不然現代人性格大多冷漠，常見的說法應當都會是：「其他住戶跟我沒關係，不要找我！」在我的經驗中遇過比較多的情況是，公寓裡有多個分租套房中，若有一戶人家往生，其他住戶集體無法忍受味道以及事故的陰影而選擇搬走。

********

現場評估當天，我跟著房東與主委從大樓大門進去到中庭，是一塊空地上有遮雨棚，算是住戶共用的曬衣空間，旁邊有個水槽，方便大家用水，房東帶我走到這裡時說：「等會兒請順便幫我把水槽洗一下。」

我是回覆說：「OK啦，我們的清潔會從房間、出來的走廊地板，包括到中庭曬衣場這邊的範圍。」

在我們的清潔流程中，除了針對事故現場的重點範圍進行徹底清理外，也會處理往生者運出時經過的路徑，以及我們人員進出的相關區域，比如外面的走廊地板和大樓內的電梯等地方。這樣廣泛的清潔範圍之所以如此重要，主要是因為在運出過程中，大體所產生的屍水與特殊味道，這些物質可能會沾染到周圍的環境，因此

我們必須擴大清理範圍以確保整個區域的衛生狀況。

可我們遇過很多殯葬業在出入喪家時，不像我們在進入案件現場是有穿鞋套，出來時再拿掉；有時像消防隊在進行救援時，那鞋底都是沾著屍水，就這樣踏過走過，一般人沒細想是不會知道。

但房東特別強調並要求清潔水槽的原因為何？

後來房東離開，主委才跟我們說，「水槽你們人員不要靠太近，機器洗就好。因為當初那家葬儀社的清潔阿姨，將清潔的髒水都倒入這個水槽中……」

當我聽到主委這麼說時，頭皮真是一陣發毛。

要知道那可是拖過屍水地板的髒水啊，這種水不應該直接排入一般下水道。儘管這些水都屬於汙水的範疇，但由於其後續的淨化處理程序不同，若不經過適當處理就直接排放，將會對環境造成嚴重的汙染。

畢竟，屍水可是含有大量有害物質的，這其中包括各種致病菌、蛋白質分解物等，若隨意排放，這些有害物質將直接進入水源，對生態環境和大眾的健康都會造成不好的影響。

至於清潔阿姨使用的清潔工具，肯定也是重複使用。照我們標準的作業流程，現場使用的清潔抹布一定都是一次性的，不會再反覆使用。但殯葬業者哪會這麼「搞剛」！大多是拿手邊既有的拖把抹布，掃完後，沖沖清清再帶回去。

對於地板的清潔，我們也有拖地的程序。在開始之前，我們會先使用專業的機器進行地板的清洗，確保地板處於乾淨的狀態，才進一步使用拖把進行清潔。此外，使用的拖把也與一般家用不同。我們會在拖把上套上一次性的擦布，用過之後即予以丟棄，這樣也可以確保每一次清潔都是在最衛生的狀態下進行。

沒比較沒傷害，主委說看過我們的清潔過程，再回想起殯葬業者的做法，自己都覺得發毛……

而回到房東特別交代要清洗的水槽，房東沒捨得換掉，但住戶中知道水槽狀況的都不敢再用那個水槽。我跟主委兩人相視一眼，我：「我們好好清潔的。」

清潔工作完成後，做最後現場驗收時，腿腳不方便的房東也有來，他看過我們清潔之後，就稱讚我們團隊設備確實很專業，清潔成效也跟葬儀社差很多。最明顯的不同處，就是住戶們就沒再反映異味問題，房東與主委才放下心中的大石。

大家對於鄰居間的狀況還是要有警覺性，許久不見鄰居的動靜、聞到陌生的臭味等等，都要多一個心眼去留意，才能減少憾事發生。

＊＊＊＊＊＊＊

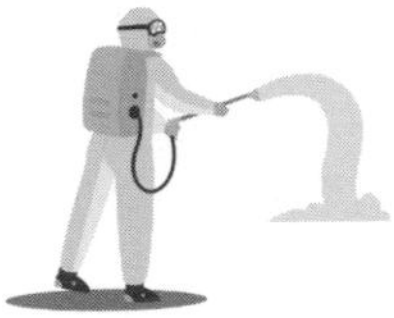

關於現場大家常討論的臭味，舉個例子，相信會讓大家比較有概念。

曾經有一次我進入家中的機械式停車場，剛一打開車門就聞到一股刺鼻的臭味，由於離開停車場後味道便消失了，所以我並未太在意這件事情。但一天天過去，每一次我停車進去都能聞到那股奇怪又有點熟悉的味道，漸漸地也開始覺得不對勁。

於是，我決定主動聯繫管委會了，希望能找出並確認味道來源。經過一番尋找，我們終於在車位的下方找到了一片生肉。

原來，這是某位住戶市場買菜回來，不小心將一塊三層肉掉落在車位下方。隨後就再也沒有人注意到它的存在，結果這一小片肉竟然釋放出如此濃烈的異味，持續了這麼多天。

即使我工作了這麼多年，見過各式各樣驚悚駭人的場景，還是無法在沒有防護的狀況下，進到現場，因為那屍臭味是讓人很難接受。又經常在工作看到，大樓住戶因為受不了長時間臭味，有時長達一兩個月，才去找管委會或警察的協助去尋找臭味來源，我都會很同情那些長期忍受屍臭味的住戶們。才會讓我想要提醒大眾，日常真要多注意周遭鄰居與不明的味道。



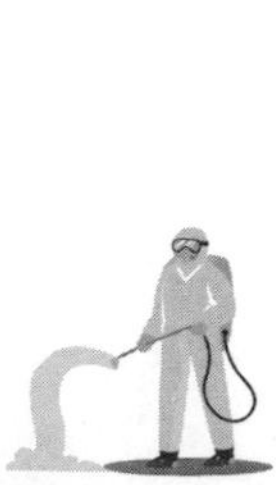

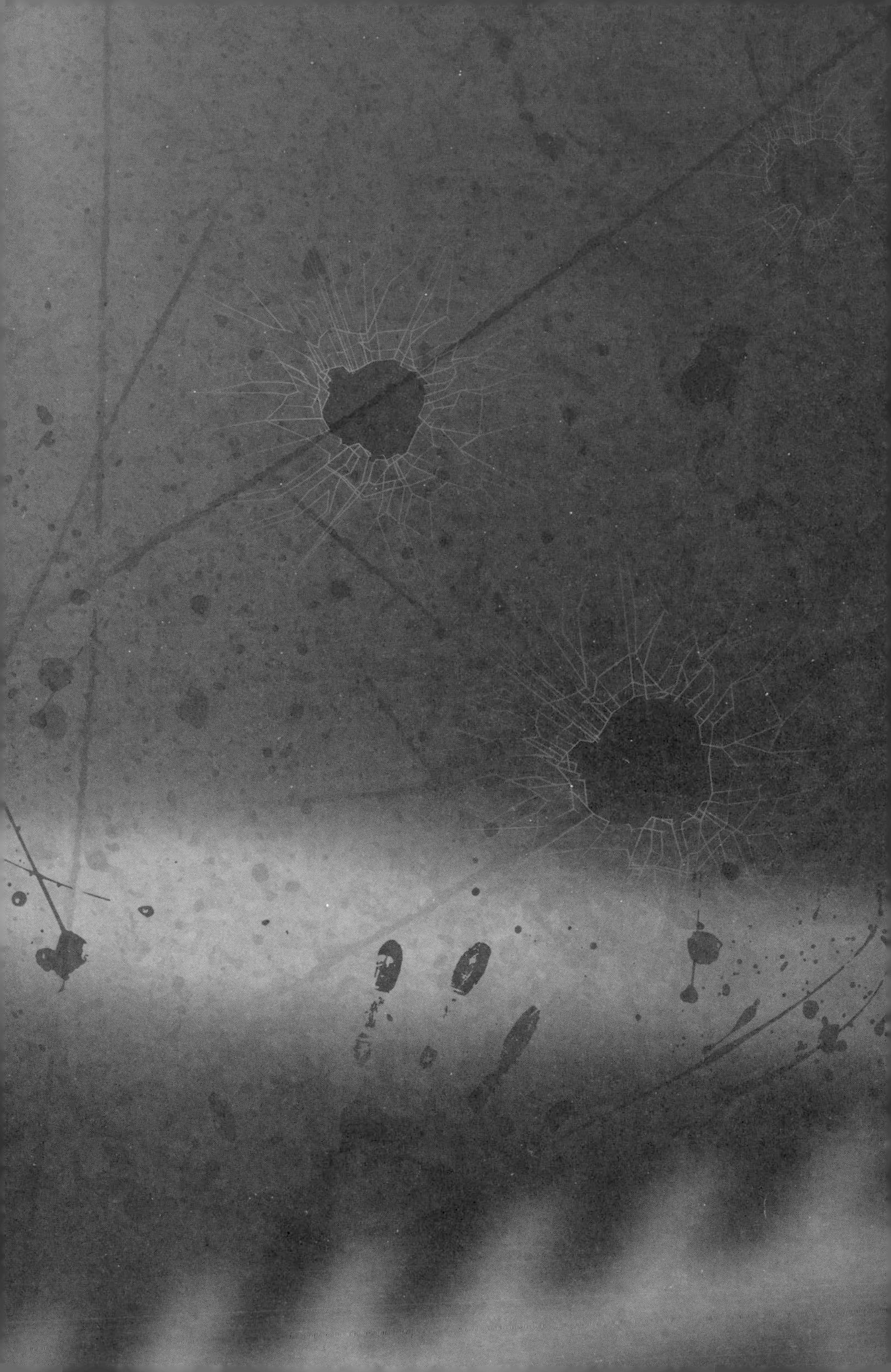

# 委託現場2

## 驚嚇現場，帶點溫馨與淚水

# 2.1 不負責的房東

我接到這起清潔工作的消息時，心情格外沉重。這是一名往生者的家屬委託我來處理，而房東在清潔過程從未露面，對整起事件毫不在意，讓該社區的住戶十分火大。

當我們團隊抵達社區門口，詢問了事故屋子的門牌號碼時，路過的鄰居明顯對我們投以注目的眼神。鄰居向我們詢問：「請問你到這家是有什麼事嗎？」

然而當社區的鄰居得知我們是負責清潔的團隊，都感到鬆了口氣，因為他們已經忍受了很多天的臭味和不安的狀況，迫切地希望這個問題可以得到解決。應該是受氣許久，好不容易盼到我們出現，於是鄰居們紛紛對我們吐露對這名屋主的憤慨與憤怒，跟事故發生以來，社區住戶所忍受的惡臭與承受的焦慮。

******

常理來說，當社區發生事故或問題時，第一時間一定是聯繫房東或屋主來解決問題。然而，當大家得知有人在社區房子內過世，就著急地聯繫上屋主說明狀況後，屋主卻表現出極為冷漠的態度，完全無視鄰居的擔憂和困境，對社區的狀況毫不關心，也對往生者後事的處理全然不在乎，讓大家感到非常憤怒。

後續，住戶們多次嘗試跟屋主聯繫溝通，還是沒有結果的情況下，為了讓社區的大家生活可以恢復正常，社區的居民不得不採取自救行動。極度無奈之下，最後他們集資兩萬元，為這對往生的

夫妻舉辦了一場招魂儀式和法會。這個儀式的目的不僅是為了慰藉逝去的靈魂，也是為了讓社區的居民能夠心安。在這樣的情況下，他們希望透過宗教儀式來平息大家不安的情緒，同時也為逝者祈求安息。

之後屋主是因為還想繼續將房子出租收租金，才找到了往生者的家屬，由家屬負責往生夫妻後事的處理以及房子的清潔事宜。

我則是透過家屬的敘述，才曉得輕生的是一對青年夫妻。他們原本從事水電相關行業，最初是受雇於人，然後漸漸的摸索出方向，而有了自立門戶的創業想法。這對年輕夫妻走過了一段艱辛的創業歷程，可惜過程並不順利，在創業的起伏中遭遇到沉重的損失，使得他們賠掉了幾乎所有的積蓄。這樣的打擊讓他們陷入了極大的沮喪之中。不過幸好，他們的家人始終在他們身邊，給予了他們關愛和支持。

或許是因為兩夫妻覺得自己也都還年輕，所以在家人的支持下很快地重新振作起來，並重新恢復追求新生活的勇氣。當他們宣布要開始新生活，計畫搬到另一個新家時，家人們也都相信他們是充滿了新的希望和目標，可以重新振作。卻沒想到，這樣一段努力奮鬥的歷程卻戛然而止。

家人本來是要關心他們搬家是否順利，卻好多天都無法聯繫上小夫妻時，直覺驅使他們趕到了這對夫妻的家中，卻發現了令人難以接受的狀況——夫妻倆竟然在家中選擇了燒炭輕生，結束了他

們年輕而充滿潛力的生命。

我在聽著家屬敘述的過程中，不禁對這對夫妻的命途感到無比惋惜。他們曾經是那麼年輕，充滿著生活的熱情和活力，卻因為一連串的困境和打擊，選擇了終結自己生命。

當我踏進這間住宅時，空氣中彌漫著沉重的悲傷和哀愁。房間裡的一切都彷彿凝固在時間中，一副無法言語的哀戚景象。曾經的歡笑和希望，現在只剩下無盡的寂寥。

＊＊＊＊＊＊＊

清潔之前，我們都會讓家屬先整理往生者的遺物。關於往生者遺物整理，在流程上，首先，我們會在室內先做初步的殺菌，接著提供家屬拋棄式隔離的防護衣，讓他們可以安心地進行整理工作，收拾往生者的物品。這個過程主要是保留往生者證件與有價財物，以利家屬去處理後續行政相關的事宜。

然而，對於一些日常生活用品，我們會建議家屬考慮丟棄，因為這些物品往往已經沾染了屍臭味，帶著它們會發出不舒適的氣味，也可能對家屬的身心健康產生不好的影響。作為專業的清潔人員，我們的建議是讓家屬將珍愛的回憶放在心中，而適當地處理生活用品，這樣比較能保護他們的健康與安全。

＊＊＊＊＊＊＊

補充說明一下，人在往生後，身體會開始腐敗，意味著空氣中會孳生大量的細菌，這些細菌可能對人體造成威脅。因此，可以對應到民間習俗中常見的一個觀念，認為生者若攜帶了往生者的物品，會對身體健康或氣場運勢造成不利的影響。甚至認為往生者靈魂會附隨在物品上，對生者的性命造成干擾或威脅。從科學的角度來做解釋，那正是往生者的大體腐敗時，產生的細菌與有害物質殘留在物品上，這些物質若長時間與人體接觸可能會對健康有負面影響。

在等待家屬收拾遺物時，我站在一旁看著房間裡的每個角落都留著那對年輕夫妻的生活痕跡。牆上掛著的照片中，笑容開心燦爛。衣櫃裡還留著數件沒打包的衣物，行李整齊地放在門口，彷彿在等待下一段旅程的開始。我忍不住思索，究竟是什麼讓他們最終還是選擇走上了這樣的絕路？

這個案件也讓我更加深刻地體會到，生命是多麼的脆弱而珍貴。我們每一個人都需要關心和關愛，無論是在困難時刻還是在幸福的日子裡。如果，這對年輕夫妻能夠轉變思維，也許會發現海闊天空，找到新的方向和意義。

在清理的過程中，我默默地為這對年輕夫妻祈禱，願祂們能夠在另一個世界找到心靈的寧靜和安寧。同時，也希望這樣的悲劇

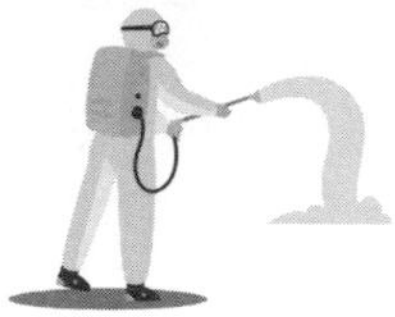

不會再次上演，每一個人都能夠得到關愛和支持，走過人生的每一個艱難時刻。

＊＊＊＊＊＊

這次清潔有個特殊狀況，由於我們到達現場時，碰巧社區停水，所以第一天的工作只能進行初步的清潔與現場垃圾的打包。在第二天，當水源恢復後，才能開始正式的清潔與消毒工作。

這次的清潔工作是由往生者的家屬委託。然而，在這兩天的清潔過程中，屋主本人從頭到尾都未曾露面，將所有事情推給家屬自行處理，就連最後家屬要將房子鑰匙歸還給屋主，屋主也是另外約在便利商店，就是怕遇到鄰居。這種態度讓我感到相當不以為然，社區的其他住戶自然是更加不滿，若有機會他們便會向我抱怨屋主的不負責任。

面對這樣的情況，我一如過往盡力完成自己的專業清潔工作，但這個案子的經歷讓我對這位屋主的態度深感遺憾。他的選擇讓社區的居民承受了很大的困擾，也讓我覺得自己承負著一份責任。

人生在世，一定會遇到不同程度的棘手狀況，避免或逃避並非解決之道。相反地，應該積極面對，勇敢處理才是至關重要的態度。

# 2.2 收租公最驚嚇的無奈時刻

相信多數大眾都很羨慕靠收租為生的包租公，加上台灣地狹人稠，房地產投資看似是穩賺不賠的選擇。然而，投資房產並非沒有風險。在作為一名清潔師的經歷中，我時常遇到生活遭遇低潮的租客選擇在租屋處輕生的案件，第一發現者是——房東。

絕大多數狀況是房東數月收不到租金，在進入租屋確認時成為了事故現場的第一發現者，心理上飽受驚嚇，後續仍需要協助家屬處理租客後事。

可每每發生這種事，願意好好善後的家屬是很難得少見，比較多是屋主自己要承擔。委託葬儀社或清潔公司，收拾佈滿蛆蟲蒼蠅、充斥屍臭味的房子。這還不提影響未來出租，以及可能對房價產生的負面影響等等。

總而言之，投資出租套房雖然可能帶來穩定的租金收入，但也存在著一定程度的風險和挑戰。

之前就曾有從事殯葬業者的作者分享過，遇到輕生的房客，現場往往是房東哭得最大聲……

下面就想分享幾個欲哭無淚的屋主故事。

******

這起案件發生在年節期間，一對情侶在家中臥室裡選擇了燒炭的方式結束生命。是房東多月沒收到租金，又聯絡不到人，到租屋處才發現這樁悲劇。

委託人是一位經驗豐富的房屋仲介，這屋主說自己手上每日經手許多物件，對於房地產市場的了解可以說是相當深刻，但沒想到這次栽了一個這麼大的坑。

某日，他收到一個物件，是間頂樓含頂樓加蓋的老公寓，委託人認為這個老公寓所在的地區正處於都市變更的前夕，出售的老公寓前方正在興建一幢幢現代化的大樓，這也預示著這一帶的地價將會不斷攀升，種種跡象讓房仲深信這個物件的潛力，也許不久之後該區老公寓也會有都更機會。

於是這名仲介就自己買下老公寓，並稍作整理，自己與哥哥嫂嫂住在條件較差的頂樓加蓋，下方比較舒適的頂樓套房則出租，讓租金可以用以墊付沉重的貸款。

＊＊＊＊＊＊

我抵達現場進行評估時，經過一番了解，得知房東是將套房出租給一對情侶。房東說，開始都順順的，春節之前就開始沒有收到情侶匯進來的房租，可由於年節期間大家都在忙，他自己的性格也不是很計較，自然就想說也許情侶租客只是返家過節或忙著籌備年節而忘記匯款，等到春節之後再跟情侶聯繫。

沒想到拖著拖著，已經三個月沒收到這對情侶的房租。某天，房仲跟哥哥嫂嫂在家中聊天時，互相聊到覺得每次經過樓下住戶的樓梯時，總會在樓梯間嗅到一股異味。

這時房仲才覺得不對勁，於是開始積極聯繫這對情侶，但始

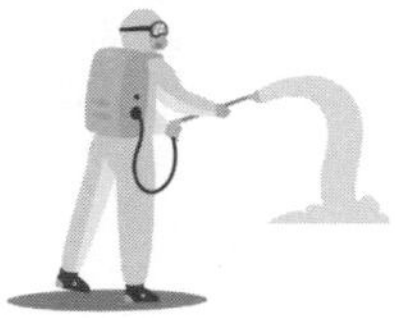

終未能獲得回應。最後，房東決定聯繫警察，請警察一起前來出租屋這邊開門進入屋內確認狀況。

房東親自向我講述了他的經歷。他描述當時房門打開的瞬間，那股讓他每天上下樓梯時總感到困惑的奇異臭味，猶如一股沉重的霧氣，直接湧向他的臉龐。那種感覺讓他當下極度不安，同時慶幸還好自己有請來警察陪同，才比較有勇氣待在現場進行確認。

他隨即踏進屋內，小心翼翼地在屋內四處查找，直覺地循著那股異味找到了臥室。打開臥室的門時，他目睹了一個他此生中從未見過的震撼景象。話才講到一半，房東表情看起來很不舒服，敘述的話語就此打住，不願意進一步再多描述當時的場景，臉上帶著難以掩飾的不安和痛苦，應是害怕又將當時的情景再度召喚回記憶。我看著房東的樣子，理解他的感受，一般人對於這樣的情境，勢必都會感到極度的不舒服。

「事件的後續自然就由現場的警察們接手，調查釐清情侶逝世的緣由，現在去想那時候的情景，我到現在都不敢相信自己遇到這樣的事，也不知道這對情侶究竟遇到了什麼樣的困境，才讓他們做出了這樣的決定。」

房東最後的話語，小聲到像是自己的喃喃自語。

進到案件的現場，我發現了一個相當令人不解的場景。據委

託人說，情侶是在臥室內燒炭自殺的，然而，清潔過程讓我感到困惑的是，臥室床頭放著一把刀，為什麼會在這樣一個悲慘的情境下出現這樣的危險物品？

這點我後來聽葬儀社說了才恍然大悟，葬儀社的人員說這樣的狀況其實時常可見，或許是這對情侶在面對絕望時，探討過不同的選擇，其中一種就包括使用刀具。

此外，我也注意到這對情侶使用的物品都是相當奢華精緻，幾乎清一色是精品品牌。這可能意味著他們沒有經濟憂慮，又或者這就是導致這場悲劇背後隱藏的壓力和負擔……

在警方的調查結果顯示，這起案件並未發現任何打鬥或者外力闖入的痕跡，於是這個事件，檢調單位最終是以單純的自殺案件來終結。

******

檢察官在處理這類案件時，其相驗時間會根據現場狀況而有不同。如果案情明顯，例如往生者獨自在家中燒炭，現場無打鬥或掙扎痕跡，或者留下遺書，判斷相對迅速。

在當今社群軟體普及的時代，人們可能在網路上表達輕生念頭或留下跡象，藉由社交媒體或即時通訊工具傳播給親友，透露內心對離世的思考。這些訊息也會成為檢察官判斷的依據，有助於快速做出相應判定。

然而，如果家屬和檢察官對案件有疑點或認為存在其他問題，可以入場清潔的時間就會有所不同，具體情況需要另行考慮。因此在承接非自然身故現場前，我們都會特別謹慎和確認檢調結果是沒有疑慮，確保每個程序都符合相應的法律和倫理規定，才會進行清潔工作。

當家屬和檢察官確認往生者的離世情況並無其他疑點時，我們作為負責清潔的專業業者，通常會在一至兩天內前往現場進行處理。

根據我多年的從業經驗，特別是在逢年過節期間，業務量總是會微幅增加，主要是因為歡樂的節日氛圍，往往會對那些生活不順遂的人心理造成特別大的打擊。我不禁想像這對情侶可能就是在過去的日子中承受著極大的壓力和困憂，最終導致了他們被過節的氣氛給觸動，而做出了這樣的極端選擇。

這對情侶是一起躺在床上燒炭自殺，雖然他們的遺體已經被移走，但床上留下了兩個清晰可見的人型印記，是這場悲劇的沉痛證據。

最讓我們團隊頭痛的，是這對情侶躺著的床墊，這床墊吸滿了由屍體流出的大量屍水，使其變得沉重且容易變形，所以我們在清潔和處理的過程中需要更加小心翼翼，以確保不會對周圍環境造成進一步的損害。

清潔工作並非只是表面的清理，我們需要使用專業的技術和器材來處理屍水，同時保護自己不受到任何潛在的危險，這包括操作專門的吸水工具和正確使用消毒劑。

在整個清潔的過程中，我格外謹慎地對待每一個細節，力求將現場恢復成一個可以讓人感到安心的環境。同時，我也在默默祈禱，願這對情侶能夠在另一個世界找到他們所期盼的安寧和平靜。這樣的狀況雖然讓人心碎，但也讓我更加堅定了做為一名凶宅清潔師的職責——悲劇的現場可以重獲新生。

這起案件讓我再次體會到，生活中的每一個人都可能面臨著種種困難和壓力，我們需要更多的關愛和理解。或許，一句溫暖的話語，一份真誠的關心，能夠改變一個人的命運。

這時房東的母親也跟著祈禱，聽她誠懇地向往生者請託：

「拜託、拜託，請讓我們這邊趕快都更，讓一切船過水無痕。」

我在一旁，感受到房東一家滿滿的無奈，內心也祝無辜的他們心想事成。

## 2.3 投資有賺有賠

這是一則發生在東海大學附近的一間出租套房，同樣也是租客在租屋處輕生，房東好幾個月沒收到房租，怎樣聯繫也找不到房客，再加上那一陣子頻頻有其他房客反映大樓裡有怪味道，於是房東也是循著味道，發現房客在房內早已往生多日。

在屋主聯繫我之前，他已經找過數家清潔公司來處理，但由於清潔效果不盡如人意，整棟大樓持續充斥著濃烈的屍臭味，讓住在這棟大樓的居民們感受到了身心交瘁的困境。

跟房東接洽想了解環境時，只聽他語氣充滿焦慮的說：「現場就是很嚴重，那味道我已經不知道怎麼形容，就是令人作嘔的臭味，然後也找了好幾家業者來處理，但就是消不掉……」

因為房東的這個反應我也看了不少，所以很可以理解他的無奈。特別是屋主不僅要找到適合廠商來去除嚇人的臭味，在這段期間也承受著房客接踵而來的抱怨，簡直是一個頭兩個大。

情況越來越嚴重，甚至有房客提出收回押金並要求提前退租的情況發生。這讓屋主在經濟和心理上都承受了極大的壓力，身心俱疲之下，連最糟糕的喪志話都脫口而出：「真是煩惱到，欲也要跟著往生者去。」他的情緒之差，可見一斑，也讓我深感這些業主在處理凶宅清潔時的不易。

我們團隊在實際到達現場的那一刻，就能聞到那股濃烈得令人作嘔的臭味。這絕對不是屋主言過其實或誇大其詞，那真是相當刺鼻的臭味，怪不得租客會不斷地抱怨說要搬走。特別是當時正值夏季，我們的團隊光是站在巷口，就能夠清晰地嗅到這沖天臭味。

對我們來說，這是再熟悉不過的屍臭味了。

我對這起案件印象深刻。這棟大樓的屋主自己就住在一樓，租客則是從一樓旁邊的樓梯進入。我們的團隊特地對屋主位於一樓的住所進行了徹底的清潔。原因很簡單，因為事件發生後，那層的租客都搬走了，樓上的居民也能聞到那股味道。為了確保整棟樓的環境都得到徹底的清潔，我們展開了行動。

當初與屋主溝通時，他就表達了他的不滿，甚至氣到說如果臭味不能完全清除，他就要求往生者的家屬把整棟房子買走！這樣的言論或許聽起來是氣憤過頭，但其實是可以理解。

屋主日常生活依賴著收租金來支付房貸和維持生計，但一名租客在房內輕生，屍臭味彌漫整層樓，還擴散到其他的樓層，引起其他租客的恐慌和不安，而紛紛搬離。就算部分的租客選擇繼續留下，抱怨聲浪也不斷傳向屋主，甚至提出了降低租金的要求。在權衡利弊的情況下，屋主不得不選擇降低租金以保住現有租客，避免完全失去租金收入。

在這個案件中，最後我們不僅完成了清潔工作，也成功消除了令人無法忍受的惡臭。雖然部分房間需要重新出租，但可以明顯感受到房東如釋重負的心情。

面對凶宅清理的挑戰，專業的處理不僅是技術，更需要具備細心體貼和耐心，以確保屋主能夠重新展開新的一頁，讓這片空間重新充滿生機。



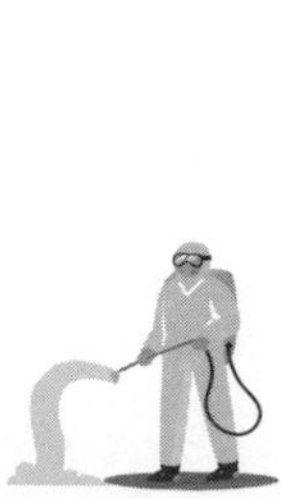

＊＊＊＊＊＊＊＊

我們遇過很多案件是房東買整棟大樓來出租，尤其是在鄉下地方，房東買下整棟大樓來出租的情況特別常見。這樣做的好處是能夠繳納房貸並獲得穩定的收入，看似輕鬆賺錢，但也有風險。

我曾經接到一個案子，是位於豐原的一棟市值約三千萬元，專做出租套房的大樓。這個物業是一位退休老師與其他兩位朋友合夥投資的，原本初衷是為了獲得穩定的退休收入，享受餘年。然而，他們卻意外地遭遇到了一位在租房內輕生的租客。

屋主的無助和焦慮感可想而知。雖然事發沒多久，他們就迅速聯繫了幾家清潔公司，希望能儘早解決這個困擾他們的問題。然而，由於之前廠商的清潔狀況並不到位，致使即使反覆進行了多次的清潔工作，臭味依然無法完全消除，讓房東充滿沮喪情緒。

與此同時，租客們也開始抱怨。畢竟租客們是生活在這個環境中，每天都得忍受著令人難以忍受的臭味，他們的不滿情緒也隨之升高，有些甚至選擇提前退租，這對於屋主來說無疑是種雙重打擊。不僅要處理清潔問題，還要應對因此而產生的各種糾紛，包括押金等問題，讓房東陷入沉重的情緒中，覺得前路茫茫。

他們合夥經營的友人中，有名退休老師甚至考慮退出合夥出租的計畫，因為這樣租客輕生狀況讓這名老師覺得自己無法再次承

受類似的風險。

這也讓我重新了解，做為一名收租房東好像也不是那樣容易。以前覺得房東都是「躺著每月等錢進戶頭」，單純地賺取穩定的租金收入。實際上當中是包含了一定的風險和責任，其中一個風險便是租客在屋內發生不幸事件，這可能包括了傷害、輕生等情況。

這種情況不僅對屋主造成心理壓力，也可能需要承擔相關的法律責任和清潔處理費用。因此，房東也才會嚴格篩選租客，了解他們的背景和信用狀況，以保護自己與租戶彼此的安全與權益。

*******

這次的案件，我維持一貫謹慎專業的清潔方法，選用針對案件髒汙的清潔劑，這些清潔劑不僅能有效去除異味，還不會對房屋造成損害。清潔工作的重要性不僅僅是表面的乾淨，更需要徹底的處理，讓房屋重新回復宜人的居住環境。

隨著清潔工作的進展，臭味明顯逐漸減輕的變化，當整個清潔過程完成時，房屋重新恢復成宜人的居住環境，我知道我們的工作是圓滿的完成。屋主看到房屋重新變得整潔，終於鬆了一口氣，更對我們的專業表示了誠摯的感謝與肯定。

因著這個案件的緣故，加強了屋主的決心，未來要更加仔細

地篩選租客，避免類似的情況再次發生。我想這也是為何租屋市場上，總會有找房的租屋族不滿房東嚴苛選租客的態度，但背後的苦楚，也就房東才能體會明白。

# 2.4 得不償失的態度

這是一個相當讓我非常難忘的凶宅清潔案例。我被委託處理這座建築物，情況相當特殊。屋主並非居住在這棟大樓內，因此，一開始他對處理事件的積極度相當低，導致租客們長時間都得在充斥屍臭味的空間中生活。

由於屋主的消極態度以及惡劣的言辭，一些房客開始抱怨，最關鍵的還是屋主對他們的苦楚視若無睹。最終，導致部分租客在極度無奈氣憤下，選擇搬離。

其中一名房客在搬離後，因為仍舊無法釋懷屋主惡劣消極的處理態度，所以在搬離之後，這名房客選擇向拆除大隊通報了房東在大樓的違建空間。

＊＊＊＊＊＊

原來，這棟大樓共有五層，而屋主在五樓樓頂除了安置了一個水塔之外，還私自將空地加蓋隔成了三間套房進行出租，而這在建築法規上是嚴重違反規定，屬於違章建築。

當我們清潔工作進入了最後階段，屋主來到現場確認清潔狀況。再見到屋主的時候，我向他表示了我們的工作已經完成，並且房間內的異味已經完全消除。

「頭家，這樣清潔之後，應該就ＯＫ了吧，味道也沒了。」我說道。

屋主若有所思地回答著：「是的，味道確實已經消失了。但

頂樓這層被人通報違建了，不久之後也許就要拆掉了。」

這消息讓我感到相當震驚。沒想到好不容易清潔完畢，就要被拆掉。這房東大概也未曾意料，自己當時對待房客的態度，會讓自己付出這樣沉痛高昂的代價。

我能感受到房東的心情，畢竟是耗費不少錢打造的空間，但違反法規就是事實。看到房東眼中的悔不當初，在無奈的氛圍中，我只能給房東一個無言的拍肩。這是一次深刻的反思。或許，從這經驗之中，房東能夠汲取教訓，重新以比較積極的態度回應租客的需求。

*******

還有一件關於房東消極處理導致引發更大問題與麻煩狀況的案件。

首先，因為這位屋主不住在租屋處附近，事發第一時間他並沒有妥善處理，還拖延很久，這使得屋內的異味持續困擾著整個鄰里很多天。在這樣的情況下，鄰居們開始變得無法忍受，終於不得已向媒體投報。這一舉措讓屋主的事故屋成了新聞的焦點，進一步擴大了事件的影響範圍。

後續由於新聞報導，使得這起案件對當地的租金市場和房價造成了一定程度的影響。凶宅的聲譽問題讓它變得不容易出租，導致了租金的下降。此外，周邊的房價也明顯受到打擊。你說鄰居這

樣做不也是傷害到自己住所的房價，所以值得嗎?!但心裡委屈久了，情緒上來，說是狗急跳牆也好，有人就不管那麼多。

******

我工作經歷中真是接觸很多出租房的清潔案例，房東在投資房地產時，收租固然是很好的經濟來源，但也是立基於房東總是有考量到整棟大樓的住戶以及周遭鄰居的利益和舒適度，而不是都以自身利益為優先。

經手的案例中，就多次遇到因為房東自己不居住在該物業中，當租屋處發生問題時，因為並不會直接影響房東生活，沒有親身感受到不便，即使環境更加惡化了，房東顯現的態度還是散漫，甚至忽視不予處理，最終總會嚐到房客報復的苦果。因此房東善盡維護管理之責算是基本態度。

在我看過的案件裡，多數可以順利解決、和平落幕，房東與租客繼續維持租約關係的，那都是因為房東保持與租客良好溝通，及時了解到他們的需求和反饋，並積極解決問題，保證了租客的生活品質。

畢竟，對租客來說重新找房子、搬家也不是容易的事，相信若非是忍無可忍，是不會有人喜歡經常更換住所。

總結一句，無論是房東與房客都應對彼此立場有同理心，事情才能被好好被處理有個好結果。

# 2.5 無障礙的關懷

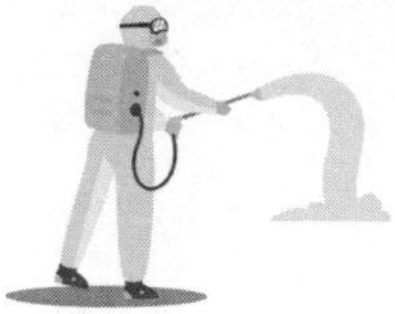

這案件的委託人是一名房東，他將房子一樓的空間租給了一戶四口的身障家庭。在這個家庭成員中，哥哥的健康狀況一直都不是很好，經常在房間裡休息，但沒想到竟然就在家中的臥室裡自然身故。

這一悲劇之所以會發生，主要是這個四口之家的成員，每個人都有著不同程度的身障，平時他們互相扶持和彼此依賴成了生活的常態。然而身障狀況使得他們的警覺性，相對於一般人來說要低得多，也造成哥哥在臥室「休息」多天都沒出房門，甚至已經過世多日，房間都飄出不尋常的臭味瀰漫了整個區域，也沒有引起家人們任何懷疑與警覺……直到屋主前來關心，才發現了這一樁悲劇。

屋主回憶道，當時他走進房間，除了撲鼻而來的惡臭，還感受到了一種異常的氛圍。當時整個一樓都彌漫臭味，甚至影響到了周圍的鄰居。幸好有屋主的關心和細心觀察最終讓他們發現了哥哥在房間中的遺體。

這起案件讓我親眼目睹了社會中確實存在著許多弱勢族群，他們的生活狀況是超出我們的想像，那真的不是憑藉努力就能做到改變與改善。更別說這群社會經濟地位較弱勢的族群在面對困境時的無力無助，這讓我更加認識到這個社會底層的艱難。

當時出租時房東就理解這家的狀況是屬於特別辛苦的，因此在委託我們進行清潔工作時，房東就決定自己承擔全額清潔費用，

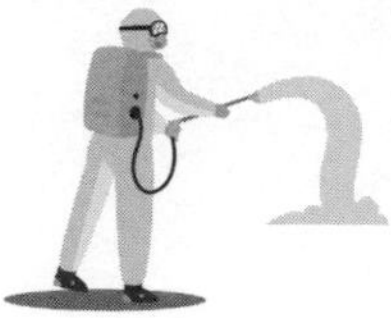

這種善意和關懷讓我感受到了人性的溫暖。

雖然政府對於身障租屋提供了一定程度的補助，但這些補助仍是難以完全解決弱勢家庭的生活經濟困境。在這樣的情況下，屋主的善心和慷慨成了一種寶貴的支持。他的幫助不僅僅是為了解決眼前的困境，更是讓這個家庭能夠在遭遇困境後，還能繼續往後的生活。

在跟屋主確認清潔委託後，因為清潔期間，這戶人家都還是住在家中，所以多少是可以感受到他們在處理後事時的忙亂與狼狽。

剛剛提到清潔期間，這戶人家都還是住在家裡的狀態。這點是在與他們討論後，考量到他們的經濟狀況並不寬裕，無法負擔前往外面飯店或旅館暫住的費用。因此，我在跟家屬溝通後，他們在整個清潔過程中選擇了留在自己的家中。這使得清潔工作的流程上，就會變得比較有挑戰。因為我不僅要進行清潔工作，還要顧及家屬在整個過程中不會受到汙染並感到舒適和尊重。

在我的過去的工作經驗中，雖然是有碰到過類似的情況，但為了健康和安全著想，加上清潔需要的工作天數不會太久，大多數人都會在進行清潔的期間選擇暫時搬離家中。他們或許會選擇入住飯店，或者暫時居住在親朋好友的家裡，以避免受到清潔過程中的干擾。

畢竟清潔前的環境是有害於人體健康，在進行清潔工作的過程中，也可能會產生一些環境上的不適和聲響，所以若是在施作期間住在家中，多少還是會受影響。但這次案件的家庭，住戶成員狀況特殊，我們也有以他們的健康和安全為首要考慮的折衷作法，這就需要在清潔工作進行前做好相關的溝通和說明，以確保整個過程能夠順利進行，也盡量維護住戶成員的健康。

在進行清潔作業之前，我們仔細地向家屬，也就是這家人做出明確的說明，以確保整個清潔過程能夠順利進行且達到最好的效果。舉例來說，我們會設置清潔範圍，尤其以哥哥往生的房間為主，同時也限制我們進出的路線，要求家屬在清潔完成前不要進入房間。此外，由於往生者房間內的物品都受到了屍臭的影響，因此這些物品也必須全部清理並丟棄。只有在取得家屬同意後，我們才會正式展開清潔作業。

然而，這裡發生了一個小插曲。這家人中有一名弟弟，同樣也是身障者，可能沒有完全理解我們的說明。因此，在清潔期間，他曾經進入房內拿取哥哥的遺物，甚至碰了沾有屍水的物品，我看到的當下被嚇得不輕，立即全副武裝將物品處理掉。

這起事件也讓我才比較體會到身障家庭在生活中可能面臨的困難和挑戰。他們確實是社會中需要更多的資源和關心的族群。作為一名事故現場清潔師，我們的責任不僅僅是處理現場的清潔工

作，也要以尊重和同情的心情，面對每一個案件，確保住家清潔乾淨，同時也為住戶帶來安心和溫暖。

## 2.6 被五台工業電風扇<br>包圍大體的現場

承接的這起案件也受到了媒體的關注。事情的起因是一名男子長時間聯繫不到自己的父親和姊姊，於是他前往了父親位於山區的別墅，希望能找到他們。

當男子進入別墅，來到了二樓，眼前的景象讓他目瞪口呆。他在客廳裡看到了父親和姊姊的屍體各別躺在沙發上，而周圍放置著五台工業用電扇正在一起向著他們的遺體運轉，這種情景讓人不禁感到詭異與不可思議。

早期的台灣工廠裡經常會使用多台工業用電扇來進行散熱和通風，這是一種常見的做法。然而，在這個別墅裡，多台風扇繞著大體運作，這場景就顯得格外古怪，彷彿是有人刻意地佈置現場，希望不讓味道留在空間中。

＊＊＊＊＊＊＊＊

這起案件發生在中秋節附近，我接到了屋主媳婦的電話。電話中有簡單說明，案件現場的別墅只住屋主與女兒兩人，大兒子長年住在國外，小兒子和媽媽另外居住在淡水，並沒有與屋主與女兒共同居住。我與委託人約定好了時間，便駕車前往了這間房子先進行評估。

這家房子的豪華程度，我們進去時也忍不住咋舌，它已經可以稱得上是莊園等級的宅邸了。外觀的高聳鐵門充滿著壓迫感，彷彿在宣告著這片土地的威嚴。當我們踏入門內，還需要穿越一段

路，才能抵達主屋。

主屋本身非常寬敞，若再加上周圍的庭院與水池，這片空間的坪數著實讓人讚嘆不已。透過這樣的格局和佈置，不難感受到屋主，從前在商業領域的非凡成功。

當我抵達現場時，就看到了屋主的兩名兒子都在場。大兒子西裝筆挺，另一名打扮就比較不拘，他們都開著名車，在現場顯得格外矚目。此外，還有一名大約六十歲的男士也在現場，模樣深沉老練，讓人感受到歲月的厚重。

這樣的陣仗讓我一度以為他們可能也是受委託到場的殯葬業者，要進行比價與商談。因為殯葬業對外的形象確實也都是西裝筆挺，出入都開雙B豪車的樣子。

直到我正式開始了解情況，才得知他們其實是這家屋主的家屬。他們在之前已經是有考慮過多家殯葬公司與清潔公司，但最終選擇信任我，決定由我來處理這起案件，當時是覺得非常榮幸。

透過和他們的交談，我了解到其中年紀較大的男士，原來是屋主生前的忠實員工。每當他提到往生屋主時，他總是以台語中的「我老頭家」來稱呼，這充分顯示了他對屋主的敬愛之情。

當時，三名男子帶著我進入了屋內，讓我進行現場評估。整棟房子有兩層樓，甚至還有一個地下室。走進屋內，我立刻感受到了它的寬敞，起碼有百坪的空間，與一般住家迴異的是，這裡不像

一般人的家裡地板用磁磚，而是用磨石子的地板。

然而，令我感到困惑的是，一樓幾乎沒有家具，也沒有任何生活氛圍，取而代之的是堆成小山的家用垃圾，但這些垃圾都有用環保袋裝好。因此我猜測可能是屋主懶得倒垃圾，於是都放在一樓，積到一個量，然後再請車子一次來清理。我看著這個場景，感受到了一種無法言喻的淒涼。

一樓大廳角落裡還放著幾台屋主以前販售的機台，讓我不禁感嘆這樣的生活習慣和居住環境。毫無疑問，屋主的家境非常富裕，但是他對於自己的生活環境卻沒有絲毫的打理和用心。這讓我感到惋惜，也讓我想更了解這位屋主的背後故事，究竟是什麼原因讓他在這樣的環境中生活。

總的來說，這次的現場評估讓我感受到了許多複雜的情緒，對於這個屋主的經濟條件與居住環境的落差感到無法理解。

＊＊＊＊＊＊

上到二樓，才是屋主與女兒的生活空間，除了他們倆人，屋主還有養寵物。然而，根據家屬提供的檢調最後的調查結果，我了解到應該是父親先過世，接著女兒隨之離世，最後才是寵物狗。這樣的順序讓我不由得沉思，他們之間的關係和生活狀況是怎樣的？

兒子是第一位發現者，他：「很久沒回到這邊，也不清楚他

們居住的狀況，但屋內的味道真是滿重的。上到二樓想要找我父親，就看到我父親跟姊姊兩人就躺在兩張沙發上，分別位於左側和右側，那樣子……反正你就是知道，是不對勁了。」兒子緩了口氣，接著說：「當時他們周圍就擺放著五台工業用電扇一起運轉，像是在為這狀況做通風，這就是很奇怪的樣子，可調查結果卻說他們是自然死亡，怎麼想都覺得並不合理。」

藉由家屬的說明，我能感受到家屬對於檢調與法醫調查結果是存有疑慮，他們似乎並不認同家人接連一次走了兩個人，死因還都是自然死亡。

縱使調查結果，家屬感到十分的不滿和困惑，認為事情並非如此簡單，但沒有其他可疑證據的情況下，即使無奈，家屬還是選擇接受了這個結論。

於是我在做環境清潔的評估階段，就是專注於家屬對住宅環境的描述以及當時陳屍的狀況，就沒有深入多問往生細節，以避免過度觸及他們的心情。

******

家屬的請求下，我先依據現場的狀況進行了清潔費用的估價。關於廢棄物的處理部分，家屬表示已經有熟人能夠協助清運。在第二次前往現場時，經過與家屬的討論，他們同意了報價，隨即展開了清潔工作。

在這次的清潔工作中，我們投入了兩三天的時間，其中涉及一些特殊情況，例如處理動物的血跡。推測可能是往生者所飼養的寵物無法逃出家裡，最終因飢餓而死。

這並非我們第一次遭遇類似情況，過去我們也遇到過類似的案例，其中一種情況是飼主在家中離世，一些聰明的寵物會試圖找尋食物，像是開冰箱找東西吃。然而，對於那些無法自行離開住所的寵物，尤其現今大多數人是居住在公寓大樓，寵物當然也是鎖在家裡，根本難以外出，牠們無法外出覓食，最終就會因為食物耗盡而餓死。根據我們之前處理的案例經驗，通常飼主往生一兩周後，若沒被發現，寵物自己在住所裡，極大機率是無法存活下來。

＊＊＊＊＊＊＊

這次案件之所以會特別讓我們留心，是因為在接觸家屬的過程中，我們感受到他們對於屋主與姊姊死亡有著許多疑慮，加上往生現場放著五台工業用電扇的不合理布置。這讓我們下意識地在清潔的施作過程中，會格外地去留意家中的物品和陳設，尤其是那些看起來比較不尋常的地方。舉例來說，在二樓的整理過程中，我們注意到了一台望遠鏡。這讓我們不禁懷疑，是否可能有不法之徒企圖在這裡藏匿，利用望遠鏡偷窺屋主一家，等待著時機來行動。

然而，在家屬的解釋下，我們隨即明白了事情的真相。原來，在這住家的後方有一個魚池，過去常常會有人前來，翻過圍牆

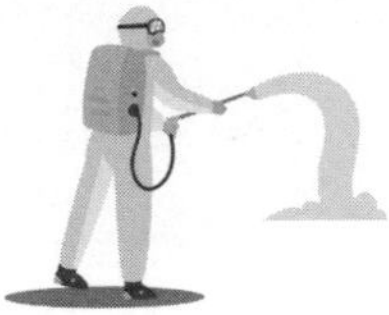

在魚池偷釣魚。因此，屋主為了保護自家魚池，特意準備了這台望遠鏡，以便在陽台隨時觀察魚池是否又有人前來趁機盜釣行竊。

在處理完這個案件，要前往收拾空氣分解清淨機器時，發生了一個令人意外的情況——竟然有小偷在夜半，趁著空氣清淨機運轉時進入了屋內，意圖竊盜。

清潔最後的收尾階段，我們會在室內擺置空氣消毒分解的機器。當晚清潔機器正在運作時，有人破壞了一扇窗戶，進入室內，做什麼不知道。

是隔天我們去收機器時，看到破窗，地板上有清晰的腳印。

第一個念頭是「有小偷」，我們隨即聯絡屋主到現場清點財物。幸好屋主盤點過後，確認沒有任何損失，而我們在室內放置的機器也都完好無缺。

之後我們推測，小偷應該事前有進行調查，知道這戶人家現在是無人居住，所以在夜半時分摸進來，想偷東西。不料，進到屋內竟看到幽幽藍光籠罩整個空間。或許，小偷還知道房子內才剛有人過世的事實，可能疑心生暗鬼，因而選擇了落荒而逃吧。

至於藍光，那是因為我們空氣消毒分解機器運作時，會發出微弱的藍光，在空蕩寂靜的屋子裡，光線確實會使空間氛圍得顯得格外詭異。也算是一場幸運的誤會吧。

＊＊＊＊＊＊＊＊

這個案件讓我想起了過去一些類似的情況。有些家庭中，長者與成年的孩子同住，孩子因為身心障礙，而需要長期密切的照顧。當主照顧者不幸過世，如果家中沒有其他的照顧者，那麼被照顧者就可能無法理解當前的狀況，也不懂向外求助，進而發生被照顧者在家中與亡者同處多日的情況。

更甚者，有時候被照顧者並不具備自理能力，例如長年臥床。當失去了照顧者的支持時，他們可能無法照顧自己也沒有求援能力，最終是會面臨餓死的危險。這樣的案例在現實生活中也並不罕見。所以每次接到這樣的案件，我都會覺得感觸很深。

這樣的情況提醒著我們，對於這些弱勢群體，特別是長者和身心障礙者，我們需要給予更多的關愛和關注。家庭成員間的溝通和支持至關重要，同時理想的狀況下建立社區的支援系統，讓這些弱勢家庭在面對困境時能夠得到及時的幫助和支援。

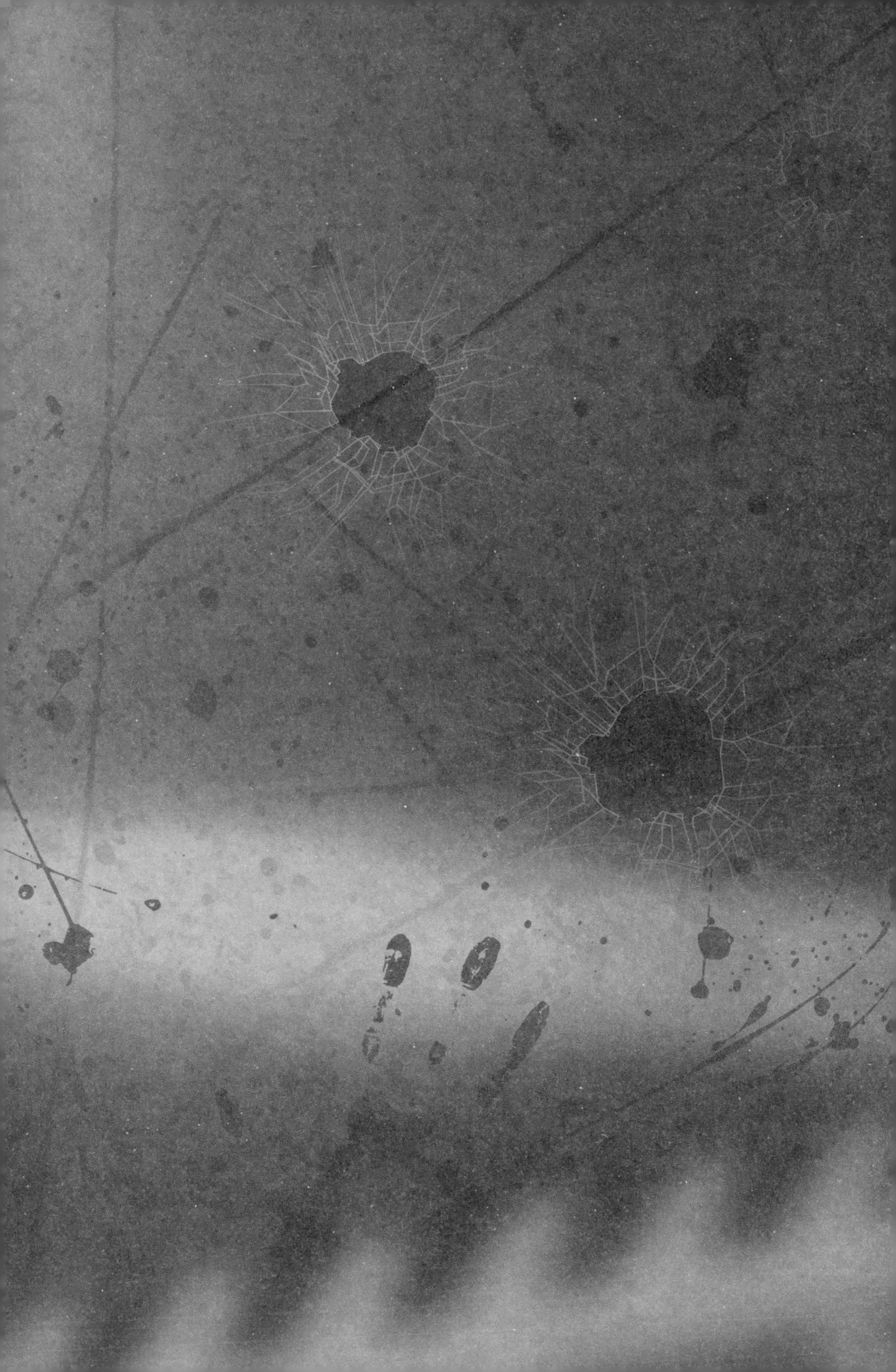

# 委託現場3

## 清潔後的重啟新生

# 3.1 誰要清？

這次的案件是三峽的一家養護中心，位於一棟大樓內。是某天，一名外籍勞工在高樓擦窗時不幸失足，墜落身亡。她墜落的地點恰好是在五樓朝外的平台上，這個地方通常也是設置冷氣主機的位置。

這次案件的委託人十分急迫，而我們能配合到場清潔執行的日子剛好是假日，養護中心的位置鄰近三峽的觀光熱點，假日時總是會吸引大量的遊客湧入，雖然只是小事，但這意味著我們前往的途中可能會遇到交通擁堵的情況，行程上就要更早出發，耗費更多的時間。

我們因應這樣看似單純的委託，為了效率，安排執行方案上反而要更加謹慎。經過仔細考慮，最終決定就派遣了兩名經驗豐富的清潔人員前往，這樣的配置不僅可以保證清潔工作的高效進行，也能避免過多的人員聚集，減輕了當日工作的複雜程度。

當我們抵達養護中心時，兩名工作人員立即前來接待我們。我們並未馬上下機器，而是決定先前往事故現場進行詳盡的評估，以便確定需要使用哪些清潔器具和工具。

我們四人一起搭乘電梯上樓，原本計畫直接前往事發地點，但電梯卻突然意外地下降至地下二樓，然後打開了門。我們只能看到一片漆黑，空氣彷彿凝結了一般，彌漫著說不出的詭異氛圍。養護中心的工作人員也忍不住探頭出電梯，她們的臉上露出明顯的不安和疑惑。其中一人輕聲嘀咕道：「地下二樓通常是員工的停車

場，現在已經是上班時間，理應不會有人在這……」

對於這樣的電梯異常狀況，我們在工作經歷中並不陌生。明明已經按下了樓層鍵，電梯卻反向運作，有時甚至會一動也不動。這樣的情況在平時並不常見，但在我們經手的事故現場，卻時常會遇到，我們就是態度尊重、淡定應對。要是不正常的狀況持續或反覆，我們就會在心中默念，自己是來幫忙靈界的朋友，沒有惡意。說也奇妙，通常這樣的默念結束，電梯就會恢復正常運作。

******

本次個案是往生者生前在做窗戶清潔時，不慎跌出窗外，墜落時撞上了陽台的冷氣架，因此我們清理過程是，必須先戴著手套，小心地將地上的遺骸一一撿拾，再開始打掃。

也許有人會疑惑說這種的墜樓事件不少見，噴濺的血跡範圍並不大，有需要請到我們這樣的專業清潔公司出動嗎？

確實，如果樓層不高，血跡範圍相對較小，加上在戶外也不會發生像是異味在室內消散不掉的問題，這種情況下任何一名養護中心的工作人員使用一般清潔工具就可以應對。

最初我也是這樣建議委託人，然而，對方提出最大的困難：

「誰要清?!」

清掃往生地點，涉及到極大的心理負擔和情感壓力，在高壓

狀況中，很少有人會自願去清理血跡。往生者的家人或親近的友人通常更無法承擔這樣的工作。我們多數接到的案件，都是大眾無法或不願意碰觸身故現場，可說是我們這樣的專業清潔公司存在的意義。

這次案件很單純，即使如此，案主們還是堅持委託我們處理，並希望能盡快讓一切恢復原狀。不論是現場事態輕或重，案主這種迫切感，我們都很能理解，但不會趁機利用委託人的焦慮感從中謀取暴利。基本流程是先評估了解狀況再決定，如果很簡單，甚至會先建議業主考慮自行處理。之所以這樣做，並非僅僅為對方節省一筆清潔費用。我的想法就是案件狀況簡單，業主自行處理可能已足夠，實在沒有必要為了謀取利潤而硬接工作。

有時會遇到很有趣的情形，經建議改為自行處理的業主，進一步向我們詢問關於房屋水電拆修或傳統宗教禮俗等問題，例如：清潔劑選擇、現場佛像處理方式等等，問題五花八門。

我們通常也不會嫌麻煩拒絕回答，會依據經驗提供相應的處理方式，讓業主即便是自行處理最後還是可以心安。

從事這份清潔工作，最讓人無法克服的障礙，應該是要說服自己是戴上手套處理遺骸。正常人心態多少會猶豫或抗拒，觀念上都認為遺骸並非廢棄物，而是承載著生命的碎片，甚至是遭受人體碰撞的物品上也都可能附帶著一份靈魂。因此一般人是無法以無靈性廢棄物的方式對待，尤其對於有著信仰的人來說，更是一道無法

跨越的心理障礙。

舉例而言，傳統習俗中有種說法，認為往生者墜樓時所碰觸到的地磚，由於是往生者最後出事的地方，因此會附著往生者部分的靈魂。這種民間信仰深深地根植於大眾的心中，所以面對事故現場的清潔，心態都是更為害怕、謹慎。

以前承接過一個桃園社區的案件，一名住戶不幸從自家住宅墜樓到中庭，社區管委會特別委託我們處理。委託的內容除了進行中庭公共區域的清潔，還包括要將往生者墜地時撞到的花崗岩完全挖掘出來，更換成全新的石料。這樣的要求不算罕見，考慮每天都在社區裡生活的居民心情，完全可以理解他們想要清除事發地點的岩材，來祛除事故的記憶，甚或是有移除亡靈，別在原地逗留的用意。

因為案件接觸得多，我們方能充分體會到每個案主都有著面對事故時，個別的心理障礙與堅持。希望透過專業上的努力，盡可能讓他們在心理上得到一些安慰和幫助，也是我們的一份心願。

******

再講回養護中心這案件，處理到最後階段時，該中心的主管高層也都來到現場。當下我先向他們詳細說明整個清潔過程，同時也給出一些後續處理上的建議。考慮往生者是一名外籍人士，我是

建議現場主管們確認祂的宗教信仰，並在適當的宗教儀式下妥善安置，以確保場所能夠回復平靜。主管高層也回應表示，他們已經聯繫了往生者的親友，以確認祂的信仰，後續會盡快進行相應的儀式。

養護中心的主管還提及，近期養護中心的老人們心情上可能受到這事件的影響，開始出現了一些難以解釋的感應或狀況，這也讓他們更加重視這方面的處理。

至於現場情況，主管高層向我解釋說，由於沒有人膽子大到能動手處理，才決定委託我們這樣專業的清潔公司。透過我們的專業清潔，不僅可以讓現場得到徹底清潔，也能給居住在這裡的老人家們一個交代。業主他們希望能以一種負責任的態度來面對這個情況。這也是為什麼雖然這案件狀況很單純，我們卻選擇接下的原因：希望養護中心的老人們能夠心安，同時也期盼往生者能夠安詳地離去。這是我們的最終目標，也是一直以來堅持的信念。

# 3.2 跳樓的衝擊

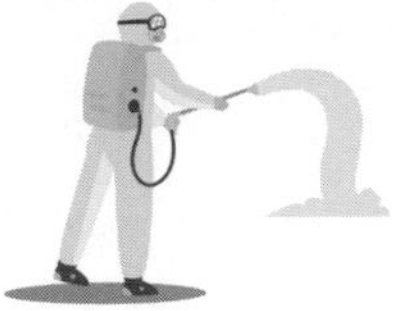

我們處理的清潔案件中，跳樓是滿常見的案件，主要是現在很多公寓大廈，於是跳樓輕生是很常見的選擇。

人從大樓跳下來，那現場往往是很血腥凌亂的，絕非電視劇呈現的樣子，大體旁流淌著一片鮮血那樣簡單。

******

這個案件的地點靠近林口長庚，那一帶近幾年多了很多社區大樓。據說往生者是名港籍女子，因為介入人家婚姻，情緒不穩定才選擇輕生。她從自家十三樓跳下，先摔在二樓突出的公用平台，再掉到一樓中庭。

這起輕生墜樓事件發生在社區每天人來人往的中庭空間，使得整個社區的居民都壟罩在恐懼之中，當然，不出所料地引起了附近居民的高度關切與廣泛的討論。

女子的家屬自然知道這樣的事件對社區的居民們心靈上帶來傷害和影響，也充分了解這樣的情況需要專業的處理和清理，才能確保社區的安寧以及居民們的安全感。於是往生者的家屬在第一時間就聯繫我們，希望我們盡快處理好，不要影響住戶，而經過現場評估後，這案件我們罕見地出動了四名技術人員。

該社區是一個集合了好幾棟公寓的設計，在進到現場時，我留意到除了第一棟大樓的住戶可以從警衛室進入並直接前往自家所

屬樓層，其他棟的住戶則必須穿越這片中庭，才能抵達自己所居住的大樓。

到了中庭現場一看，雖然我們經手的案件不計其數，看過許多驚悚駭人的場景，但實際到現場之後，還是大為震撼，也才明瞭為何家屬這樣急迫地請託我們到場清潔。

整片中庭都已經用封鎖線拉起來，我們在封鎖區域內進行清潔，而整個社區裡的數百個住戶，從事件發生一直到清理工作結束，都不得不繞道地下停車場進出社區，相當不方便。

會這樣是由於這名往生者從很高的樓層墜下，衝擊力道相當的大。據警衛敘述大體都斷成了兩半。我們在清潔時可以推測發現，往生者內臟碎裂，殘體噴得中庭到處都是，水池裡也有，部分頭骨在花圃裡，還有另一部份卡在排水孔裡，噴散的範圍極為的大與廣。

即使作為一名專業人員，坦白說，我也不免起滿了雞皮疙瘩。更別提社區的住戶，根本沒有人敢踏足那片中庭。

這樣的情況下，整個社區瀰漫一股沉重的氛圍。我觀察到有些住戶在住家陽台觀看，周圍偶有零星住戶會停下腳步看一下，但人們彼此之間很少交談，行色匆匆，似乎大家都希望這段清潔時間能快點結束，社區能恢復以往的清潔與寧靜。我能理解住戶居民不安與沉重情緒，畢竟自己居住的環境被事件的陰影籠罩著，誰都不好受。

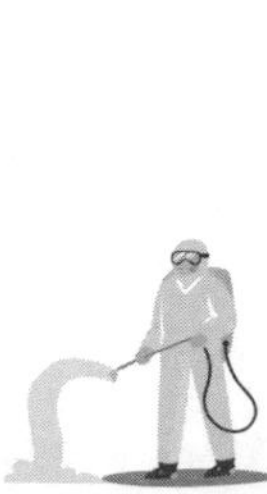

＊＊＊＊＊＊＊＊

電話中，聽往生者家屬說明，跳樓輕生是在早上十一點發生，當天下午四點多就來委託我們進行清潔。

可以這麼快就讓到我們來清潔現場，是因為經過調查後，確認輕生女子是獨自在屋內，自己開窗下來，沒有他殺疑慮。有了檢察官的判斷，也才能這樣快，在當天就安排清潔工作。

然而，有些情況可能會相對較緩慢。舉例來說，往生者經常出入聲色場所，並居住風化區附近，這種背景比較複雜的狀況，檢調人員在進行調查時必然會需要花費更多心力。像是更加仔細地檢查現場，調查往生者的生活狀況和習慣等等，甚或可能會進一步採訪目擊證人或者蒐集相關證據等等，以確定事件的經過和原因。為了等待檢調的最終結果，這也意味著清潔工作的安排可能會因此推遲。

******

這起案件的現場情況主要以清除身體組織為主，因為我們在事發隔天即趕到現場進行清潔，味道與一般的屍臭是完全不一樣，更偏向血腥的氣味。我們能夠清楚地看到散佈在現場的身體組織、腦漿以及殘缺的頭骨，這樣的情景對這個社區的住戶們一定造成極

大的衝擊。

考量到這樣特殊的情況，往生者家屬在選擇清潔公司時格外謹慎，委託人有說過，住戶們透過管委會不斷表達他們焦慮的心情。雖然時間很緊迫，委託人還是看了很多家清潔公司，做了一些比較，以確保自己委託的清潔團隊能夠有效地處理這樣的現場情況，同時也能為社區居民帶來安心。

在這起案件中，我們悉心完成現場清潔，撤除封鎖線後，第一時間，居民對中庭仍存有對事件的不安記憶。有些或許是比較勇敢的居民，雖然願意踏進中庭，但也就是沿著邊線小跑穿過中庭。

最後，期望透過我們的清潔能夠洗去他們的恐怖印象，使生活恢復正常。

********

關於尋找委託清潔公司，我曾遇過一個案件。之前遇到一些客戶，他們在找我們之前已經請過其他清潔公司，但效果並不理想，所以才轉而找到我們來進行清潔。

那是因為一般清潔公司可能會存在設備與經驗不足的情況，這導致了清潔效果並不徹底。特別在處理這種特殊情況時，是應視不同材質和施作方式需要不同的處理方法。

這個案件是委託人之前找的清潔公司只是用拖把和水桶來清

理，這樣屍水就持續留在磁磚的毛細孔縫隙中，導致味道無法消散。

委託人在與我聯繫時提及，需要清潔的空間不大，從他的說明以及提供的照片，我發現第一家的清潔業者，是有概念的，知道要將現場沾染到屍臭味的器具拆掉，包含輕鋼架天花板的板子都拆除。但再細看委託人傳來的照片，我注意到看起來整潔的現場角落擺放著一支拖把與水桶，就讓我有點不理解地問委託人：「你說你清潔過，請問是你自己清潔的嗎？」

因為一般人都不敢自己清潔，正常都是委託清潔人員，但照片工具實在太過簡陋，不像是有找專業清潔公司。於是我跟委託人再次確認狀況，一邊猜測會不會是委託人想省錢，所以讓第一家清潔公司做半套拆除天花板，地面部分就自己簡單清潔，使用的清潔工具就是照片中那套陽春的拖把水桶組吧……

果不其然，委託人說他完全不敢自己處理，所以全權給殯葬業者去處理。然而，殯葬業者只是請了一名普通的清潔阿姨來進行清理，根本沒有任何專業技術與相應機具。

這種情況在清潔行業中並不罕見，但我們非常清楚，要想徹底根除屍臭味，達到全面的清潔和消毒，只依賴一支拖把和一個水桶是遠遠不夠的。

此外，可以想像，這支拖把和水桶絕對不可能是全新的。很

可能是清潔阿姨在不同場合反覆使用的工具，因此也就無法確定這支拖把，在此之前是否也曾經清理過其他事故現場！

更甚是，清潔阿姨在打掃後將髒水直接倒入水槽，這是相當不可取的做法。因為一般排水道和糞便汙水道是兩個完全不同的系統，清潔和消毒的程度是不一樣的，無法達到徹底的效果。所以將糞便等級的汙水直接混在一起倒棄，是會對環境造成嚴重的後果。

這是因為，事故現場的清潔工作與一般的生活髒汙處理有著本質上的區別。在面對嚴重事故現場時，如往生者的屍體或生理體液的清理，是需依賴專業的技術和相應的設備，才能達到清潔和消毒工作的最佳效果。只有通過這樣的專業手段，才能夠確保居民的生活環境得到徹底的恢復和保證。這也是我們在處理事故現場清潔工作時所遵循的基本原則。

# 3.3 寂寞之所，待售

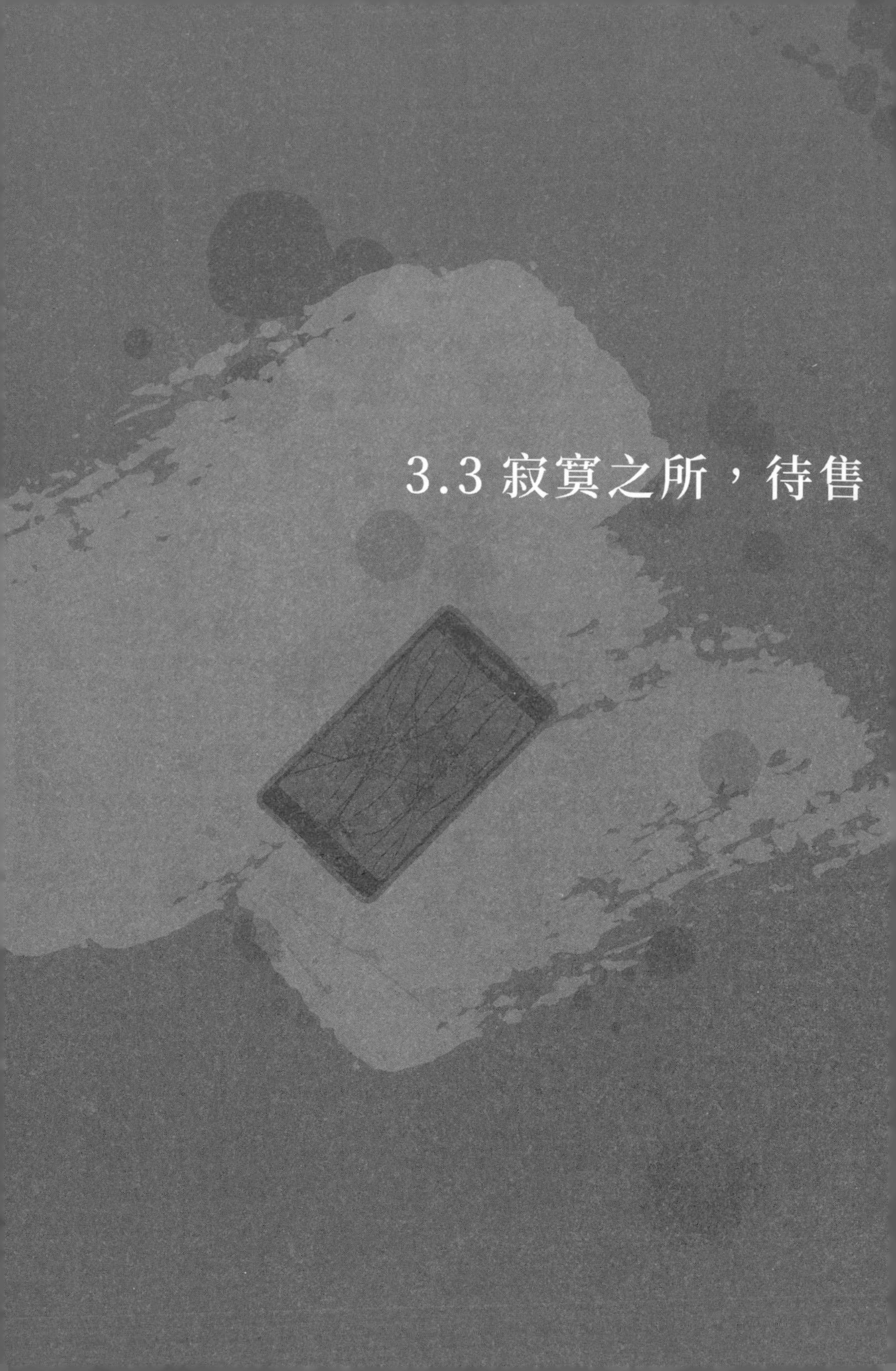

這起案件發生在台北，往生的是一名獨居老伯，他的兩名孩子在美國生活，這位老伯在台灣獨自居住。雖然兩名孩子遠在美國，但逢年過節必定都會返台跟老伯相聚過節。

事件發生不久前孩子才剛從美國回來跟老伯過父親節，和老伯共度節日時光。父親節過後他們回去美國，接下來幾個月裡，兩名孩子始終無法再聯繫上老伯，他們開始覺得不安焦慮。於是孩子們向住在台灣的表弟求援，希望他能前往老伯家中了解爸爸的情況。

據表弟說，他一到老伯的住處，便立刻嗅到一股刺鼻異味。這種味道讓他感到不尋常、心生不安。於是直覺讓他小心翼翼地打開了房門，眼前的景象讓他幾乎無法相信自己的眼睛。老伯倒臥在家中，已經失去了氣息。這一幕讓表弟心情陷入了沉重的憂傷之中。他意識到，自己的親人在自己不在身旁的時候，獨自離世這種的孤寂感，讓他感到極度遺憾和痛心。

在我接手凶宅清潔工作時，經常會對現場進行仔細的詢問和了解。在這些場合中，我不僅僅是為了了解清潔的具體情況，更是為了掌握整個案件的來龍去脈。而在這些案件中，我逐漸發現了一個令人感慨的趨勢，那就是老人孤獨死的案件比起從前是多了更多了。

這些老人獨自居住，與親人的聯繫逐漸疏遠。他們的孩子往往居住在遠方，無法經常性的看望父母，有的也不常聯繫往來，這就會有個風險。我所看過的案件中，老人家過世狀況之所以被發

現，通常並非親人聯繫不到，比較多是因為附近的鄰居已經久未見到他們出入的蹤影，甚至在一些極端的情況下，屍臭味都飄出來，居住環境都惡化了，房東或鄰居無法忍受，最終報給警察請求破門進入，才得知獨居的老人已經過世多日。

在現今社會，隨著家庭結構的變遷和人口老齡化的趨勢，老人獨自居住在家這樣的情況，近年來似乎變得越來越普遍。這也給了我們一個警示，就是需要更加關心家裡的長輩，確保他們的安全和健康。

另外，鄰里之間的互相關心和幫助是至關重要的。我們應該多留意彼此的出入狀況，定期地關心長輩的生活情況，並在需要的時候伸出援手。這種鄰里之間替對方多留一分心的作法，不僅是可以為老人提供一份安全感和溫暖，也可以防止更多悲劇的發生。

我收到這案件的委託去做清潔工作，這中間有個插曲是，清潔工作到最後請家屬做確認階段。家屬提及由於老伯的兒子都在美國生活，所以打算將房子整理好後就售出，還問我有沒有興趣購買。我想對方是覺得我長期處理這類案件，可能對於曾經發生過有人在屋內過世的情況並不忌諱。

該戶房子鄰近松江南京捷運站，地點條件是相當好，屋主的報價確實也相當有吸引力，讓我不得不認真考慮這筆投資，並對這個機會進行了仔細的思考。

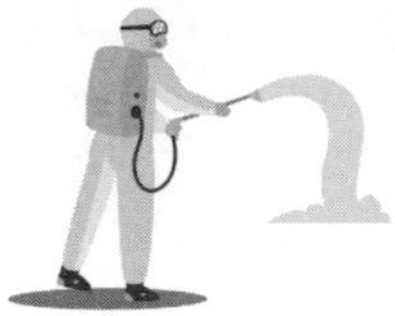

最後，經過權衡再三，雖然房子的地理位置優越，但該地區不是我熟悉與習慣的生活圈。另外，即使我從事這個行業，對於事故現場的清潔和整理相當有經驗，但畢竟是作為日常生活的居所，我很清楚地知道往生者過世的具體位置，這樣的心理因素成為了我猶豫的一個重要原因。

即使房子經過我親手負責清潔，可以確保居住環境對人體健康無虞，可對心理狀態依然會產生一定的影響，我心裡就是過不去。因此，儘管房子的地點和價格相當有吸引力，最終還是決定放棄屋主的提議。

這起案件的房子附近有家我經常光顧的牛肉麵店，某日再次造訪這家麵店時，不禁注意到那一戶房子貼著出售的招牌。當時，我並沒有過多地思考這個消息，只是暫時把它放在了心裡。

過了一段時間，我又一次前去品嚐這家牛肉麵店的美味。令我驚訝的是，「出售」的牌子已經不見了。看來好的地段還是很加分，沒多久他們找到了買家，真是非常祝福。

******

這裡稍微提一下有關凶宅的一些觀念。一般來說，自然身故不被視為凶宅，而凶宅的定義通常指的是非自然死亡的情況。即使是一間曾經發生過不幸事件的房子，如果第一位買家在持有期間並未再次發生其他不幸，而將其轉售給第二位買家，一般是不需要告

知房屋曾為凶宅的，過往這種情況通常被稱為「漂白」。然而，這可能涉及到道德和倫理的考量，以及買方或租方對於這種情況的接受程度（實際請參酌最新法規）。

這案件讓我想起親友曾遇過一件凶宅對房屋價格的影響。當時親戚居住的大樓樓上發生了一起燒炭自殺的事件，那戶房子因此成了凶宅。當時這戶房子被法院收下所有權並進行法拍，原本的房價是三百多萬，法拍價格落到了八十萬。

親戚聽到這價格時，就說：「若撇除凶宅這遺憾的狀況，這價格真是令人怦然心動！」

但現實是，即使價格低得令人咋舌，殺到這樣見骨的便宜價，多數的民眾還是因為房子背景而心生卻步。畢竟，對於大部分人來說，居住在一個曾經發生過不幸事件的地方，心理上是難以接受。

後來，這個房子被一名房仲買下，經過重新裝潢後改成了出租套房。不過，親戚就提到當時樓上來的租客都住不久，幾乎是一個月換一組租客，流動率高得嚇人。親戚時常會在電梯裡看到不同的租客與搬家公司進進出出，還說自己那陣子可能都還沒看過租客的樣子，人家就搬走，有些人真是只住了短短的幾天，就在電梯裡又見到搬家公司。後來才耳聞這些租客都是在居住期間遇到無法言喻的怪異事件，讓他們感到恐懼不安，才急急搬走。

最終，這個房子被一對有兩個孩子的夫妻以三百萬的價格買

下，聽管理員說他們似乎對於房子的歷史並不在意，更重視的是房子的實質品質和地理位置。

當時該說是雞婆嗎?!因為覺得實在太不可思議，所以親戚在一個機會下，忍不住詢問了這對夫婦：「請問，您知道這房子之前發生的事嗎？」

沒想到夫妻態度輕鬆淡然，還笑著說：「知道的，不過我們全家都是虔誠的基督教徒，所以我們並不介意。」

聽到這裡，我真是感嘆不已，覺得這對夫妻也真是豁達。不過，反過來想想，也許這就是他們的信仰給了他們如此的堅定和安心吧。

然而話說回來，我想，或許每個人的接受度都不一樣吧。對於我來說，也許會有些猶豫和考慮，但對他們來說，可能就完全不同了。

最後親戚羨慕地補一句：「這房仲真是賺到！」

儘管現今法令已經修改，對於租賃屋物主來說，即便是租屋，也有告知屋內曾經發生過非自然身故的義務。然而，實際情況往往是，許多人對法規了解不深，特別是初出社會的年輕族群，他們在選擇租屋時，主要考量的是周遭環境的機能性，以及室內裝潢是否舒適等條件，而不會太深究屋子的歷史背景。

雖然法令規定了屋主的告知義務，但實際上是否所有投資客

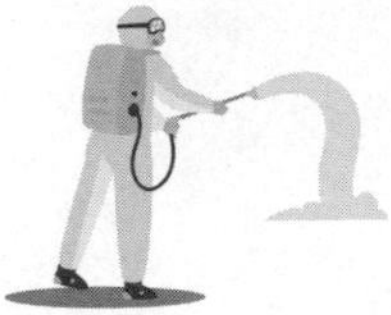

都能遵守這項規定，就存在著灰色地帶。有些投資客可能會選擇保持沉默，或者只在被問及時才會說明屋子的歷史情況。然而，這樣的作法不會是長久之計啦。現在資訊的傳播快速，高度透明化以及租客對於居住環境和品質的要求也越來越高，隱瞞屋子的歷史無疑是增加了風險和信任危機。相反地，坦誠告知屋內曾經發生過事件，較不用擔心有觸法的可能。

# 3.4 無底的垃圾井

在清潔工作經驗中，有一個位於中壢的案件是我印象深刻，不僅因為案件的要求特殊，還因為它涉及到家庭內部關係。這個案子讓我深刻體會到，清潔工作不僅僅是關乎衛生，還涉及到情感關係的複雜性。

這次在中壢的案子可謂我從事凶宅清潔工作以來，規模最龐大的一宗。經費方面，高達數十萬元，其中主要的花費都用在了拆除的部分上。這次的委託者是房屋的繼承者，原本實際居住在這棟房子裡的，是屋主的「小媽」，是在家庭以外和爸爸一同生活的女性，大家為了尊重她的地位，通常都稱呼她為「小媽」。

這次的委託是因為小媽不幸過世，委託人才聯繫到我進行清潔工作，而清潔的重點包括了清除小媽在屋裡生活所留下的痕跡。因此拆除工作成了這次案子中很大的一部分。屋主在委託時，甚至還特別交代：「這房子裡一花一草一木都不留！」

為了要符合屋主標準徹底執行，過程中投入十分可觀的經費，應該是我遇過屋主在單次清潔花費最高金額的案件。

＊＊＊＊＊＊

這戶人家算是富有，以前是在中壢火車站附近經營著一家賣冰塊的生意。雖然賣冰塊聽起來似乎不起眼，但這生意卻因為無本而利潤賺得豐厚。在當時，食品安全觀念尚未普及，相關法規也並不完善，因此古早製冰廠的製程相當不衛生。據這戶人家所述，當

年的做法是從地下抽取水源，然後直接將其冷凍成一桶又一桶的冰，轉售給下游的攤販。

下游賣冰攤販就將冰做成我們童年回憶中的美味冰品。相信大家都有經驗，吃完冰之後，時常伴隨著一些不舒適的胃腸問題。長輩們總是會提醒我們，冰涼的食物對腸胃可能造成負擔，甚至將腹瀉、腹痛歸咎於是冰品太過「冰寒」。現在回想起這些，或許這並非冰涼本身的問題，而更可能是由於食品衛生沒有把關。

因為很明顯，這製程若放在現今的視角來看，的確相當不衛生及不安全，但以前大家對食品衛生不如現在重視，所以法規也不像現在嚴謹，因此這樣的製冰方式在當時其實被視為常態。

＊＊＊＊＊＊＊

委託人之所以這樣執著清除小媽的生活痕跡，也許與他們自己與小媽並不融洽的互動有關。委託人說父親去世後，自己和其他兄弟姐妹依舊給小媽孝親費，但他們開始討論想將古厝賣掉。於是，他們最初先提出了一個價格，約為四百萬台幣要買下古厝，並希望小媽能夠搬出這個房子。小媽起初也考慮了這個提議，但隨後可能想法上鑽牛角尖，認為先生過世後，孩子們對她的態度變得不再像以前的禮遇，認定這些後輩不必再因為顧慮父親，而想趕她走。

委託人也說過去他們之所以容忍小媽各種不合理態度與不良的衛生習慣，確實是顧慮到父親，但照顧小媽的原則並沒有因為父親過世而改變，不然也不會持續給小媽孝親費。講著講著委託人語氣漸漸地無奈起來……

在現場評估時，我們耳聞小媽生前不講理的性格，在鄰里間的風評也不是太好。例如，一樓的店面租給了一家機車行，合約中明確規定門口的空地可以供機車行進行洗車作業，但小媽完全無視合約，固執地將鐵門拉下，不讓機車行使用，大家鬧得很不愉快。

最後賣古厝的事，小媽在過年之前，提出了一個高得多的價格，要求八百萬台幣才願意搬出。這個價格讓委託人與其他手足覺得過於沉重，認為這樣的價格過高，無法負擔。最終，八百萬的價格沒有達成共識，小媽就繼續住在這棟房子裡。不過孩子們還是依舊每個月支付給小媽一萬多台幣的生活費，以照顧她的生活。

＊＊＊＊＊＊

到現場時，我聽隔壁鄰居說，過年前還有看到小媽，這次過年的年假比較長，我們就是年假後，接到屋主的委託。

這棟古厝的對面，沒有其他的房屋，僅隔著一條河堤，旁邊有一戶住戶，而其他住宅則需要經過一條巷子才能到達。我們的團隊抵達現場時，就聽到鄰居在談論著過年期間的一股濃烈異味。他

們回想起春節之前，小媽曾經告訴他們自己正在釀酒，並打算過幾天與鄰居分享自己釀的酒。然而，整個過年期間鄰居都沒有見到過小媽的身影，但過節期間大家都很忙，所以不會去注意。加上這戶房子周圍相對空曠，味道就都散掉，所以鄰居只是偶爾聞到怪異的氣味。加上大家過年期間往往外出旅遊，在家的時間變少，也就更容易忽略了這股奇怪的異味。是春節之後，大家回到正常生活，家裡被那股臭味薰到受不了，每日窗戶一開，整個家裡跟身上衣服都沾上那股臭味，鄰里才有人去通報里長跟環保局。

雖然我們經驗豐富，但還是聽得背脊發涼，因為那股臭味，就是屍臭味阿。

家屬在完成小媽的招魂儀式，我們就針對屋內狀況做了初步了解。考慮到整棟房子都受到屍臭味的影響，室內物品難以挽救，經過與家屬溝通後，我們決定全面清除並丟棄這些物品。然而，小媽在屋內有自行設立簡易佛堂在二樓，用以祭拜觀音娘娘。關於佛堂這部分，因為涉及神像，所以我們就要特別處理，以示尊重。然而，家屬也坦言他們並無足夠的時間和精力來處理這項任務，因此他們全權委託給了我們，期望我們能夠妥善處理這件事情。

這幢房子是一棟兩層的平房，擁有一個寬敞的中庭和露天庭院，使整個房屋看起來更為開闊。此外，平房旁還有間獨立的小房間。委託人同樣要求將全屋拆得精光，甚至提出拆除屋內所有的燈泡，但這樣屋內光線不足，會影響我們清潔的程序，雖然我們盡力

說服屋主保留一些燈具，但他仍然堅持拿掉所有的照明設備，最後不死心的屋主，還拿了臨時外接的照明器具來支援照明，就是要我們拆除所有燈具。

甚至連屋外的水塔也說要清掉，對於拆水塔的想法，我也給予建議，未來如果要重新整理房子再拆水塔就好，不然我們團隊現在清潔時，可能會沒有水可以用。後續我清潔好你再拆，不然萬一你臨時有用水需求，就很麻煩，這才讓屋主願意緩緩。

在處理這案件之前，我們受屋主委託帶了民俗老師要處理小屋內的觀音像，小屋用的是電動拉門，但民俗老師來到的當天遙控器卻怎樣都打不開門，而在這之前小屋裡的燈還會自己亮起。當然，這樣的現象可以有許多科學解釋，例如接觸不良。我們第一時間自然是找水電師傅來看，但水電師傅看了幾次，都說：「沒壞，很正常！」「沒問題，找不出原因」

關於這狀況，老師有提出自己的看法，老師認為小媽的怨氣比較重，才會衍生這麼多問題，後續我將老師講的話如實轉達給屋主知道，屋主也感慨萬千地說：「只要不如祂意，怨氣就重……」接著，屋主開始訴說小媽霸著房子的種種情況。

最後屋主無奈地說：「祂生前覺得自己很委屈，但站在我們這些小輩的立場而言，縱使爸爸已經走，我們卻也沒因此虧待祂，固定匯入生活費保證祂的生活。然而，怎樣都很難滿足祂的要

求……」

＊＊＊＊＊＊＊＊

在這件案子中，屋主的決心可謂毅然，從先前提及的燈具，還將二樓的木造窗框一一拆卸，為的就是要徹底清掉小媽的生活痕跡。這也是導致屋主光垃圾清理費用就花費近二十萬。

這還不包括之後才發現的古井。

原來，他們家停止了製冰業務，地下水井卻沒有被封掉，反而成了小媽專屬的垃圾井。古井位於外面庭院的角落，最初在估價時，屋主跟我們都沒注意這角落，是在施作過程中，屋裡屋外都做清洗時，才在庭院角落看到有一處被袋子覆蓋著。一掀開，赫然看到有個深不見底的古井，才知道這是以前製冰，抽取地下水的地方。因為井很深，所以小媽從不倒垃圾，而是隨手就把家用垃圾丟進。當我們將袋子翻開，古井裡面散發出的惡臭便在現場散開，相當刺鼻，是讓人難以忍受的情況。

之後屋主很乾脆地追加這古井的清潔費用。這古井也是很神奇，當初這裡面的垃圾我們是人進去挖上來，光是清理井中的垃圾，我們就挖了近兩層樓深，挖得差不多了，但仍然沒有探到井的最底部，下面還有水，所以沒有人曉得這水井的水還能多深。我們有試著用抽水機要抽古井的水，直到我們施作完成，機器也回收，

抽水工作還是持續進行著，然而水井中的水彷彿是抽不完。

這起案件讓我深刻體會到家庭關係的複雜性和重要性。家是一個凝聚情感和回憶的地方，然而有時候也可能成為痛苦的根源。希望透過這次的工作，能夠幫助委託人有個新的開始。

# 3.5 遠距的驚嚇

案件是發生在花蓮縣，年輕屋主有家庭和妻小住新竹，在清明節的前夕回家探望年邁的母親，想說順便帶母親去做定期身體健康檢查。

母親是住在透天厝，三樓另外隔成套房出租給人。就在這次屋主回家探望母親之際，聽母親和鄰居提到其中三樓一位房客，已經大約接近一星期沒有碰到面，而且屋內飄出濃濃腐臭的味道。

年輕屋主雖人在北部工作，但屋內也有裝設遠距離的監控設備，之前雖未回來花蓮，但確實從攝像鏡頭也好幾天都沒有看到那位租客的身影，所以回花蓮後，第一件事就是直奔房屋地點。

一到一樓旁通往二樓的小門一開，樓梯間即有股濃烈的臭味。當時年輕屋主直覺房客可能在屋內發生意外，就趕緊打電話報案會同警員一起上樓開門了解狀況。

一開房門，果然，房客倒臥床上，且屍水已經都滲透到床邊及床下地面。屋主當下內心受到很大的衝擊，還是穩住處理。除了配合警方調查處理後續，也事先聯絡我們公司，希望能一次把現場處理完全，畢竟屋主擔憂他人在北部工作，且擔心本地未有專業的特殊清潔公司和機具設備，萬一沒有處理好現場和整棟的屍臭味道，他二邊路程跑會非常辛苦。

之後在清明節前敲定委託處理日期，就剛好選在清明節連假假期進屋清潔。當日我們凌晨就由北部驅車到花蓮，凌晨時分車輛

較少，所以在早上七點多就到了。現場也如同屋主之前所描述的，開了一樓通往二樓的小門，立馬就有股味道直衝下來，我們人員著好全身防護裝備就先進行病媒消毒，以便我們後續各項作業。

當我進去清潔時，屋內各樓層的房客在前幾天也已經都陸續搬走了，這樣我們也方便整理和拆卸事故房間內的物品與木作裝潢。

******

當時聽屋主說，亡生者是位大約六十歲左右的人，平常在工廠上班，但聽說最近身體狀況不太好，有些疾病，我們清理時桌上也確實遺留不少藥品。而現場狀況以我們的處理經驗判斷，往生者大約死亡接近一星期，因為屍水已經從床墊滲透到地面，屍水中還夾帶一堆蛆，牆壁也都出現了食肉蠅，是因為天氣還沒變熱，且在房屋最上層，否則現場遺體會腐敗得更快，味道也會越重。

我們在清潔時就先以專業和經驗判斷，告知了屋主全室包含塑膠材質地面都必須拆除，雖然費工但這是必須的，否則屍水滲透到膠地面下層，除了清洗清潔不能完全外，後續也會殘留味道散發出來。

待拆除完之後，最後階段是進行全棟徹底清潔殺菌，這部分目的是空氣淨化殺菌、異味分解，機具的運作時間會需要數天。因為房屋位於鬧區的大馬路邊，當我們在最後進行到一樓，鄰居和路人看我們全身防護也很好奇，一直盯著我們看。

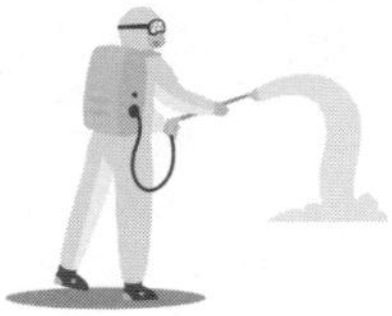

最後清潔完畢，隔壁一戶鄰居也特別出來向我們道謝，除了看到我們的專業防護和機具設備，他們覺得很安心之外，也明顯感受到現場周邊的屍臭味減輕很多，很期待我們之後機具設備徹底淨化分解掉。

後續，我們從鄰居口中了解到原來三樓的住戶是因為獨居，缺少親友關懷，就算身體臨時出了狀況需要急救也無人知曉。其實現代社會常態都是子女忙於各自家庭、工作，疏於關心長輩，甚至有部份長輩是與子女關係不融洽，只好在外獨居或租屋生活，一旦發生狀況就無法挽回。

＊＊＊＊＊＊＊

我們後續又去了趟花蓮把空氣淨化殺菌、異味分解的機具收回，且屋主也待在花蓮一直未離開，等著全棟味道清除的成果，他才能放心回北部。我們也不負屋主所託，徹底解決了他擔心的問題，臨走回程前，看著屋主滿心的道謝，我們除了工作成就感外，也替往生者和在世者都能服務到感到慰心！

這邊有個插曲喔，那時市面正在缺蛋，鄰居還特別送了我們二盒新鮮土雞蛋以表感謝。

# 3.6 祂們的氣味

在這肅穆的場合裡，牌位莊嚴地排列在靈堂上，形成一股莊重的氛圍。桌子上擺放著新鮮的飯菜，散發著淡淡的香氣，左右兩側則放置著金童玉女的塑像，宛如守護者在默默守候著。

然而，那些往生者的軀體通常被存放在冰庫的深處，冰冷的環境讓他們安息得更為平靜。直到入殮前的時刻，才會被輕輕取出，以最大程度地保持尊嚴。

回想起自己曾承攬過禮儀公司的清潔業務，負責打理會館的各個角落，特別是那些厚重的地毯。當時，不像現在有這麼多專業機具與流程，公司主要以一般環境清潔為主，做到基礎的整潔就算完成了工作。

隨著公司業務的不斷擴展，我們的工作項目也逐漸增加，接手了越來越多與事故相關的現場案例。這其中，有令人難以置信的場面，每一個案例都彷彿蘊含著獨特而令人唏噓的生命意義。

漸漸地，我開始注意到一個讓人無法忽視的共通點——在處理這些案例時，總會在空氣中嗅到一股難以忍受的味道。這讓我不禁想起了當初在會館裡進行清潔工作的情景。

起初我並未深究，只以為這是建築物老舊所導致的異味。然而，當我們的業務開始擴展，接手了越來越多與事故現場相關的案件時，我忍不住注意到了這個奇特的共通點。

在一次次的工作中，驚訝地發現，事故現場常有的那股特殊氣味，竟然與我之前在會館現場嗅到的味道如出一轍。這讓我十分

意外，心中不由得湧現出許多疑問。

透過經驗的累積和專業知識的提升，漸漸理解當年在會館中那股始終飄散不去的味道真相——正是屍臭味！

但依據我自己實際在禮儀公司工作的狀況，會館的用途就僅是擺放往生者的牌位，讓親朋好友能夠安心祭拜，內部絕對沒有放置過大體，但怎麼會整間會館裡都是屍臭味?!

也許是職業病，我開始思考這股異味的來源。經過幾番推測，最可能是內部工作人員，在不同的工作場域中來回奔波，將各種異味帶入了會館裡。然而，即使如此，會館內的味道也不應該如此明顯。

會館內最直接牽涉到往生者的物品就是祂們的牌位。因此，我認為往生者的靈魂與祂們的牌位應該是有著深厚的聯繫。

會館沒有停屍，那麼裡面瀰漫的屍臭味，既然並非源於大體，我想或許是往生者的魂魄所帶來的足跡。這種濃烈的氣味伴隨著往生者的牌位進入會館，彷彿是往生者的靈魂留下的印記。

在這樣的理解下，每當有人上香的時候，我深信往生者的靈魂都會在旁注視著。祂們的靈魂因此能感知到生者的心意，這算是種無聲的溝通吧。超越了生死的界線，使生者與往生者之間的情感得以永恆存在。

這讓我想到一個民間習俗中的說法，認為逝者的靈魂會與我

們同在，只是以一種我們無法感知的方式存在著。或許這股亡者才有的味道就是我們感知到逝者存在的一種特殊方式，若用角度去想，會館中的味道似乎就變得比較不恐怖。

關於上方的說法，有個民間經常聽聞的狀況，也許能再次支持靈體是有味道的說法。

當一群人聚在一起講述鬼故事時，有種說法認為這樣的行為會吸引路過的魂魄因為好奇而前來圍聚聆聽，就如同生者聚集在一起講故事一般。這種狀況下，尤其對於一些體質敏感或靈覺敏銳的人來說，他們更容易感知到這些圍聚的靈體所散發出的特殊氛圍。例如體質敏感的人會在聽到周邊人講靈異故事時，就反映說：「怎麼好像聞到一股臭味……」

因此，雖然會館裡並未實際放置過大體，但因為往生者的存在，使得這股屍臭味在空間中逐漸散開來。讓每一位前來祭拜的人都感受到往生者存在，這樣的思考角度似乎讓味道的存在變得比較溫馨一些……

******

分享一個我自己的類似經驗。

我與我母親平時並沒住一起，主要是母親有身心方面的疾病，情緒波動明顯且不穩定，她常常沒緣由地陷入暴躁的情緒中，這種狀態下，她的性格會變得不易親近。我就曾經見過她坐在門

口，獨自對著虛無空氣自言自語，內容讓人難以理解。而在情緒激動的時候，她甚至會大聲咒罵路過的行人，這樣的場景往往讓附近的人會覺得身邊像是有一顆不定時炸彈般，因為不曉得何時會真的大爆發而感到害怕和困惑。

母親清楚自己的心理疾病，使得她總是避免與人往來，以減少互動的方式降低自己發病時去傷害到別人的機率。

因此，當我提出邀請她北上與我同住，讓我可以更方便地照顧她時，她直接拒絕了這個提議。認為自己相較於繁華擁擠的北部城市生活，她更想留住在我曾祖父留下的古厝中，南部這裡的生活環境單純，壓力相對較小。

既然母親選擇繼續留在南部，我們就常電話講兩句，保持著對彼此的聯繫。偶爾我會去到南部探望她，或者她到北部來看望我。透過這樣的往來讓我們能夠互相了解彼此的狀況，同時我也確保著母親的經濟上生活安穩。

對我而言，重要的並不在於母親身在何處，而是能夠照顧她，讓她過上安寧愉快的生活。我理解她對於居住環境的需求，並尊重她的選擇。在我看來，她的快樂和舒適才是最重要的。

有段時間沒有見面，也沒有母親的消息時，我覺得不太對勁，於是先聯繫住在我母親附近的親戚，詢問母親狀況，當時親戚說：「最近狀況還不錯啊……」

為了謹慎起見，親戚還是主動與母親聯繫，並邀請她來自家坐坐。在外出時，母親都有個習慣，那就是無論遠近，只要出門就會將我父親的牌位放在包包中，讓祂一直陪伴在她身旁。我印象中父親與母親他們總是彼此依賴和愛護，這也許是母親在失去父親後保留這份習慣的原因之一。透過將父親的牌位隨時帶在身邊，母親彷彿能夠感受到父親仍然與自己同在，這樣的習慣讓她覺得一直是有陪伴的。

由於這名幫我聯繫母親的親戚家中是在經營宮廟，母親每次前去拜訪這親戚時，身上還是會攜帶著爸爸的牌位。為了不要沖到爸爸，因此，她通常不會進入親戚家，而是總站在門口與親戚們聊天的奇妙景象。

那是七月的某一天，我踏上了南下的列車，前往看望母親。坐在古厝的客廳裡，我們一邊聊著天，一邊享受著相處的愉快時光。母親坐在我對面，她的眼神中充滿溫暖，看得出她是很開心大家相聚一起。

我們開始談論著生活中的大小事，突然，母親說出了一句令人吃驚的話語：「怎麼有股死老鼠的味道？」

還記得本來我們一群人很開心聊著天，聽到母親這樣說，大家都停下來，努力地嗅著周遭的空氣，然而，沒有人像母親一樣，能夠感知到她所描述的異味。大家的臉上帶著茫然，或者笑著搖搖頭，顯然無法理解。而我，站在母親的身旁，是清晰地聞到了一陣

濃烈的腐臭味，它從不知道哪個角落悄然而至。

我看著母親，她的表情中帶著一絲疑惑和不安，顯然她並不是在開玩笑。於是，我嘗試著平靜地解釋這一切，告訴她或許是外頭傳來的一些不明來歷的氣味，並試著轉移她的注意力。

但與此同時，我不動聲色地轉向了母親的包包，看向母親包包裡父親的神主牌，心中充滿了疑惑與不敢置信。同時泛起了種種猜想，或許這股異味與父親的靈牌有關。可能這正是父親未曾離開，一直守護著母親的明證。這樣的狀況讓我想起那句古老的信仰：「逝者的靈魂將與我們同在。」祂或許以一種我們無法感知的方式存在著，只為了繼續陪伴著摯愛的母親，為她守護、照顧。

國家圖書館出版品預行編目資料

命案現場清潔公司2.0：聽清潔師訴說那些被屍水、血跡、蛆蟲覆蓋的生命故事／得第一環境維護公司著.
-- 初版. -- 臺北市：臺灣東販, 2024.03
228面；14.7×21公分
ISBN 978-626-379-187-9（平裝）

1.殯葬業

489.66　　112021168

# 命案現場清潔公司 2.0

## 聽清潔師訴說那些被屍水、血跡、蛆蟲覆蓋的生命故事

2024 年 3 月 1 日初版第一刷發行

作　　者　得第一環境維護公司
編　　輯　王靖婷
封面設計　R
發 行 人　若森稔雄
發 行 所　台灣東販股份有限公司
＜地址＞台北市南京東路 4 段 130 號 2F-1
＜電話＞（02）2577-8878
＜傳真＞（02）2577-8896
＜網址＞ http：//www.tohan.com.tw
郵撥帳號　1405049-4
法律顧問　蕭雄淋律師
總 經 銷　聯合發行股份有限公司
＜電話＞（02）2917-8022